ハヤカワ文庫 NF

〈NF565〉

人生が変わる宇宙講座

ニール・ドグラース・タイソン
渡部潤一監修／田沢恭子訳

早川書房

8594

ASTROPHYSICS FOR PEOPLE IN A HURRY
by
Neil deGrasse Tyson

Japanese edition supervised by
Junichi Watanabe
Translated by
Kyoko Tazawa
Published 2020 in Japan by
HAYAKAWA PUBLISHING, INC.
This book is published in Japan by
arrangement with
W. W. NORTON & COMPANY, INC.
through JAPAN UNI AGENCY, INC., TOKYO.

分厚い本を読む時間はないが、それでも宇宙のことを知りたい。
そんなすべての人へ。

本書所収のうち、《ナチュラル・ヒストリー》誌に初出、加筆のうえ収録したものは以下のとおり。
Chapter 1: March 1998 and September 2003; Chapter 2: November 2000; Chapter 3: October 2003; Chapter 4: June 1999; Chapter 5: June 2006; Chapter 6: October 2002; Chapter 7: July/August 2002; Chapter 8: March 1997; Chapter 9: December 2003/January 2004; Chapter 10: October 2001; Chapter 11: February 2006; Chapter 12: April 2007.

目次

人生が変わる宇宙講座

はしがき

　最近では、宇宙に関する発見のニュースが新聞の見出しを飾らずに一週間が過ぎることはまずない。情報をコントロールするメディア関係者が宇宙への関心をあおっていることもあろうが、これだけ盛んに報じられるようになったのは、科学についてもっと知りたいという社会の関心がおそらく実際に高まっているからだろう。それを裏づける証拠はいくらでも見つかる。科学からアイディアや情報を得たテレビ番組がヒットしているし、著名なプロデューサーや監督が制作に携わり、人気俳優を主演にすえたSF映画も成功を収めている。最近では、偉大な科学者の生涯を描いた劇場映画が一つのジャンルとして確立している。科学フェスティバル、SFファンの大会、テレビの科学ドキュメンタリー番組に対する関心も世界各地で高まっている。

史上最高の興行収入を記録した映画は、遠い惑星のまわりをめぐる衛星が舞台だ。有名監督がメガホンをとり、大物女優が宇宙生物学者の役で出演している（訳注　ジェイムズ・キャメロン監督の『アバター』で、衛星の生態系を研究する植物学者をシガニー・ウィーヴァーが演じている）。近年では科学のほとんどの分野が以前よりも高く評価されるようになったが、頂点に君臨しているのは昔も今も、天体物理学である。私はその理由を理解しているつもりだ。誰でも何かのおりに夜空を見上げて、こんなことを考えた経験があるだろう。あれは何を意味するのか？　どういう仕組みなのか？　宇宙の中で自分はどんな位置にいるのか？

講座や教科書やドキュメンタリーを通じて宇宙のことを勉強するには忙しすぎるけれども、簡潔で充実した天体物理学の入門書があれば、という人に、本書『人生が変わる宇宙講座』を贈る。このコンパクトな本を読めば、宇宙に関して今わかっている知識のもととなる主要な概念や発見の基礎が、ひととおり理解できるだろう。私の狙いが成功すれば、読者は私の専門分野についての教養をしっかり身につけられるはずだ。そして、もっと知りたいという思いに駆られるかもしれない。

宇宙には、あなたに理解してもらうべき筋合いなどない。

——ニール・ドグラース・タイソン

1　最も壮大な物語

しかるべき運動を始めて以来、世界は長い年月を生きながらえてきた。ほかのすべてはこの運動から生まれる。

ルクレティウス（紀元前五五年ごろ）

「できちゃった婚」のように始まった宇宙？

誕生の瞬間。今から一三八億年ほど前、われわれの知る宇宙の空間と物質とエネルギーはすべて、本のページに印刷されたピリオド一つの一兆分の一にも満たないサイズに収まっていた。

温度はとても高く、おのおのの持ち分で宇宙をつかさどる自然界の基本的な四つの力はまだ、一つにまとまっていた。針の先よりも小さいこの宇宙がそもそもどのようにして生まれたのかはいまだに謎だが、ともあれ宇宙は広がるしかなかった。それも猛烈なスピードで。このときに起きたことが、今では「ビッグバン」と呼ばれている。

アインシュタインが一九一六年に発表した一般相対論は、重力とは、物質やエネルギーの存在によって周囲の時空の構造がゆがむことで生じる現象にほかならない、ということをわれわれに教えてくれる。一九二〇年代には量子力学が発見され、分子、原子、素粒子というごくごく小さいものすべてについて、現代に通用する説明がなされるようになった。しかしこの二つの考え方が物語る「自然とは何か」の説明は、どちらも片方だけなら隙のないものながら、二つ合わせようとすると水と油のように相容れないものだったので、近年、物理学者たちは先を争って、この微小なものに関する理論と巨大なものに関する理論とを融合させて、量子重力理論という一貫性ある理論にまとめようとしはじめた。まだゴールには至っていないが、高いハードルがどこにあるかは正確にわかっている。ハードルの一つは、初期宇宙の「プランク時代」にある。プランク時代とは、宇宙が誕生してから直径一〇のマイナス三五乗メートル（一〇〇〇億分の一兆分の一兆分の一メートル）に成長するまでの期間であり、誕生のゼロ秒後から一〇のマイナス四三乗秒（一〇〇〇万分の一兆分の一兆分の一兆分の一秒）後までの時間のこと。これらの想像しがたい極微の数量を指すプランクという名前は、ドイツの物理学者マックス・プランクからとられたものだ。彼は一九〇〇年に「エネルギーは飛び飛びに量子化されている」と言い出した人物で、もっぱら量子力学の父と称されている。

重力理論と量子力学とが相容れないという事態は、現在の宇宙にとってなんら現実的な問題ではない。天体物理学者はじつに多様な問題を、一般相対論と量子力学の原理や道具を用いて解決している。しかし宇宙が誕生したプランク時代には、巨大なものが微小でもあったので、あたかも「できちゃった婚」を余儀なくされた男女のように、重力理論と量子力学がぎくしゃくと融合せざるをえなかったに違いない。融合の儀式の際にどんな誓いの言葉が交わされたのかはいまだに謎であり、そのときに宇宙が示したふるまいをいくらかでも確信をもって説明できる（既知の）物理法則もない。

一つの力が四つの力に――物理法則の主役がそろった

それでもプランク時代が終わるまでに、重力は相変わらず一つにまとまっていた自然界のほかの力とは縁を切り、現在の理論できちんと説明できる独自の性質を獲得したと考えられている。宇宙は誕生から一〇のマイナス三五乗秒後まで膨張を続け、凝縮していたエネルギーの密度が下がった。すると、重力が分離したあとにまだ一つにまとまっていた力が分かれて、「電弱力」と「強い核力」が生じた。それからさらに電弱力が「電磁力」と「弱い核力」に分かれた。こうして今のわれわれになじみ深い力、すなわち放射性崩壊を制御する弱い力、原子核をひとまとめにする強い力、分子をひとまとめにする電磁力、そして大きな物質をまとめ上げる重力という四種類の力がそろった。

✷

宇宙の誕生から一兆分の一秒が過ぎた。

✷

物質とエネルギーが入り乱れる、混沌の時代

そのあいだ、素粒子として存在する物質と、光子（光のエネルギーを運ぶ質量ゼロの媒体。粒子であるとともに波でもある）として存在するエネルギーとの相互作用が絶え間なく続いていた。宇宙はまだ、光子がエネルギーを自発的に物質粒子と反物質粒子の対へと変換するのに十分なほど熱かった。この粒子 - 反粒子対は、生まれた瞬間に消滅し、エネルギーを光子に返してよこす。そう、反物質というのは実在するのだ。そして反物質を発見したのは、SF作家ではなく科学者だった。この奇妙なエネルギーのやりとりは、アインシュタインのあの最も有名な式「$E=mc^2$」にきっちりと従っている。この式は言わば、一定量のエネルギーがどんな量の物質に相当するか、そして一定量の物質がどんな量のエネルギーに相当するかを双方向で示すレシピだ。c^2は光速の二乗を表す。ということは、巨大な数字である（訳注　cは秒速三〇万キロメートル）。これに質量を掛ければ、実際のエネルギーの大きさがわかる。

強い力と電弱力が分かれる直前からその最中、さらにその後にわたる宇宙は、クオーク、レプトン、およびそれぞれの反粒子、そしてそれらの相互作用を媒介する粒子であるボソンが入り混じって沸き立つスープだった。それぞれいくつかの種類に分かれるこうした粒子自体は、それ以上小さいものやもっと基本的なものに分割することはできないと考えられている。ふつうの光子はボソンの仲間である。レプトンの仲間で、物理学者以外の人に最もなじみのあるのが電子だ。ニュートリノもおなじみかもしれない。最もなじみ深いクオークは……いや、クオークというのはどれも、みなさんには縁遠いものだろう。クオークは六種類に分けられ、「アップ」と「ダウン」、「ストレンジ」と「チャーム」、「トップ」と「ボトム」と呼ばれるが、これらの抽象的な名前は互いを区別する役割しかなく、言語上、哲学上、あるいは教育上の観点ではナンセンスと言ってもいいものだ。

ちなみに「ボソン」という名前は、インドの科学者サティエンドラ・ナート・ボースから来ている。「レプトン」は、ギリシャ語で「軽い」や「小さい」を意味する「レプトス」に由来する。一方、これらよりもはるかに想像力に富んで文学的な起源をもつのが「クオーク」だ。一九六四年、物理学者のマレー・ゲルマンは中性子と陽子を構成する要素としてクオークというものを考えようと提案したのだが、彼は当時、クオークの種類は三つしかないと考えていた。そこで、ジェイムズ・ジョイスの『フィネガンズ・ウェイク』に出てくる「マーク大将のために三唱せよ、くっくっクオーク！」（柳瀬尚紀訳、河出文庫より）という、いかにもこの作品らしい謎めいた一節から名前をとったのだ。化学者や生物学者、そしてとりわけ地質学者は、命名するとなると単純な名前では気がすまないらしいが、それとは対照的にクオークは、すべて見事なまでに単純な名前がつけられている。

クオークは気まぐれな変わり者だ。必ずプラス一の電荷をもつ陽子や必ずマイナス一の電荷をもつ電子とは違って、クオークは三分の一単位の半端な電荷をもつ。また、クオークを一つだけつかまえることは絶対にできない。クオークは近くにある別のクオークと必ず結びついているのだ。そのうえ、二個（またはそれ以上）のクオークを互いに縛りつける力は不思議なことに、クォーク間の距離が離れるほど強くなる。まるで素粒子の世界の輪ゴムか何かで束(たば)ねられているかのようだ。クォークどうしを十分に引き離すと、この輪ゴムが切れる。すると、蓄えられていたエネルギーが $E=mc^2$ に従って、切れた両端に新たなクォークを一つずつ生成し、最初の状態に戻る。

クォーク・レプトン時代には宇宙の密度が十分に高く、結合していないクォークどうしの平均距離は、結合しているクォークどうしの距離にほぼ等しかった。この状況では、近隣のクォークどうしの結びつきはしっかりとしたものにならず、全体としては互いに結びついていながらも、個々のクォークは仲間のあいだを自由に動き回っていた。クォークのぶち込まれた大鍋とでも呼ぶべきこのような物質の状態は、二〇〇二年にニューヨーク州ロングアイランドにあるブルックヘブン国立研究所の物理学者チームによって発見され報告された。

ごく初期の宇宙で、おそらく自然界の四つの力のうちいずれかの分離が生じた際に起きたできごとによって、粒子の個数が反粒子に対して「一〇億一対一〇億」という比率でわずかに上回るようになり、明らかな不均衡が宇宙にもたらされたらしい。それを物語る、強力な理論上の証拠が存在する。このわずかな個数差は、クォークと反クォーク、電子と反電子（いわゆる陽電子）、ニュートリノと反ニュートリノの生成、消滅、再生成が絶え間なく繰り返されているさなかには、ほぼ誰の目にもとまらなかった。あるときに粒子が対になり損ねても、次に相手を見つけて対消滅するチャンスは山ほどあり、どの粒子にとっても事情は同じだった。

だが、この状態は長く続かなかった。宇宙が膨張と冷却を続けて現在の太陽系よりも大きくなると、温度は急激に下がり、一兆度を割り込んだ。

*

宇宙の誕生から一〇〇万分の一秒が過ぎた。

*

物質がこの宇宙にあるのは、ひとえにある「不釣り合い」のおかげ

生ぬるくなった宇宙には、もはやクオークを料理できるほどの温度や密度がなかった。そこでクオークはみなダンスの相手をつかまえて、「ハドロン」（ギリシャ語で「厚い」を意味する「ハドロス」に由来）という永続的な重い粒子を新たにつくった。クオークからハドロンへの移行が起きるとすぐに陽子や中性子が生まれ、これらほど知られていないほかの重い粒子も生まれた。いずれも各種のクオークがさまざまに組み合わさってできた粒子である。このときの状況を再現しようと、ヨーロッパ諸国がスイスで（ここからは地球上の話だ）素粒子物理学の共同研究を行ない、*巨大な粒子加速器を使ってハドロンのビームを衝突させている。この世界最大の装置はいみじくも、「大型ハドロン衝突型加速器」という名前で呼ばれている。

クオークとレプトンのスープに生じていた「物質」対「反物質」のわずかな不均衡が、今度はハドロンでも生じたが、これには重大な結果が伴った。

宇宙が冷却を続けるうちに、基本粒子の自然生成に利用できるエネルギーが減っていった。ハドロン時代には、宇宙空間内の光子が $E=mc^2$ に従ってクオークと反クオークの粒子対をつくることがもうできなくなった。それだけでなく、残存する粒子・反粒子の対消滅で光子が生じても、膨張し続ける宇宙にエネルギーを奪われ、ハドロンと反ハドロンの粒子対を形成するのに必要なエネルギーの閾値（いきち）を割り込んだ。対消滅が一〇億回起きれば、結果として一〇億個の光子があとに残り、あぶれたハドロン一個が生き延びる。この独り

*欧州核物理学研究機構のこと。ＣＥＲＮという呼称のほうがよく知られている。

者が最後はすべてをいいとこ取りして、物質の究極的な供給源として、銀河、恒星、惑星、ペチュニアを生み出すことになる（訳注　ダグラス・アダムスのSF小説《銀河ヒッチハイク・ガイド》シリーズ〔安原和見訳、河出文庫など〕で、宇宙船が「無限不可能性ドライブ」を作動させてペチュニアの鉢植えを生み出したことを踏まえている）。

物質と反物質とのあいだにこの「一〇億一対一〇億」という不均衡がなかったなら、宇宙の物質はすべて自然に消滅し、宇宙は光子のみで満たされることになっただろう。これはまさに究極の「光あれ」のシナリオではないか。

✷

ここまでで一秒が過ぎた。

✷

周期表でおなじみの「原子」団、創設メンバー登場

宇宙は直径数光年*まで成長した。これは太陽から最も近くの恒星までの距離にほぼ等しい。温度は一〇億度でまだかなり熱く、電子を料理することはできる。電子は対となる陽電子とともに生成と消滅を続けている。しかし膨張と冷却の続く宇宙では、電子と陽電子の日々（といっても秒単位だが）は限られている。クオークやハドロンに起きたことが、電子と陽電子にも起きた。つまり電子が一〇億個あっても、そのうちで最後に生き残れるのは一個だけなのだ。それ以外の電子は光子の海の中で陽電子と対になって消滅する。

このころには、電子と陽子が一対一の割合で「凍りついて」存続するようになる。宇宙がさらに冷えて温度が一億度を下回ると、陽子は中性子やほかの陽子と融合して原子核を形成する。このうち九〇パーセントが水素の原子核、一〇パーセントがヘリウムの原子核であり、ほかに微量の重水素（「重い」水素）、三重水素（「さらに重い」水素）、リチウムで構成された宇宙が生まれる。

✷

宇宙の誕生から二分が過ぎた。

＊一光年とは地球の一年間に光が進む距離で、およそ一〇兆キロメートル。

これから三八万年のあいだ、粒子のスープに大したことは起こらない。電子が光子のあいだを自由に動き回れる程度の温度は保たれており、電子にぶつかられた光子はほうぼうに飛び散る。

しかし、宇宙の温度が三〇〇〇度（太陽表面の温度の約半分）を割り込むと、不意に自由が奪われ、それまで自由に動いていた電子がすべて原子核につかまる。その結果として、邪魔者のなくなった光子の放つ可視光がいたるところにあふれ、この瞬間に存在したすべての物質の位置が消えることなく空に刻まれ、原始宇宙での素粒子と原子の形成が完了する。

✷

われわれは星屑（ほしくず）から生まれた

誕生からの一〇億年間、宇宙が膨張と冷却を続ける一方で、重力の作用で集まった物質が「銀河」という巨大な集団を作った。こうして、それぞれ数千億個の恒星からなる銀河が一〇〇〇億個近く生まれた。太陽のおよそ一〇倍以上の質量をもつ恒星のコアでは熱核融合が起き、水素より重い数十種類の元素をつくるのに十分な高圧と高温に達する。そうした元素のなかからは、惑星を構成するものや、さらにそこで繁栄する生命の材料となるものも出てくる。

これらの元素は、恒星のコアにとどまっていたなら、それこそクソの役にも立たないものだ。しかし大質量の恒星が何かのはずみで爆発すると、内部で生成した、化学的性質の異なるさまざまな元素が銀河全体に飛び散った。九〇億年にわたってこの多様な元素という恵みがばらまかれたのちに、宇宙にありふれた一角（おとめ座超銀河団の片隅）のありふれた銀河（天の川銀河）のありふれた領域（オリオン腕）で、ありふれた恒星（太陽）が生まれた。

太陽を生み出したガス雲には、重い元素が多量に含まれていた。それらが凝集した結果、岩石やガスでできた数個の惑星、数十万個の小惑星、数十億個の彗星など、軌道を描いて周回するさまざまな天体が生じた。最初の数億年間には、気まぐれな軌道を描く大量の塊が、自分よりも大きな天体に降着していった。高速・高エネルギーで衝突するものだから、岩石質の惑星の表面が融ける。このため、まだ複雑な分子が形成されることはない。

太陽系に残存する降着可能な物質が減るにつれて、各惑星の表面は冷却しはじめた。われわれが「地球」と呼ぶ惑星は、太陽から絶妙な距離のところでできたおかげで、海がおおむね液状に保たれている。太陽にもっと近い位置にあったら、海は蒸発してしまっただろう。逆に太陽からもっと離れていたなら、海は凍結したはずだ。どちらの場合も、われわれの知っているような生命が進化することはなかったに違いない。

液状の海を満たすさまざまな化学物質に浸され、有機分子はやがて自己複製する生命へと移行した。ただし、その仕組みはまだ解明されていない。この原初のスープで優勢を占めたのは、単純な嫌気性細菌だった。このタイプの細菌は酸素のない環境で旺盛に増殖する一方で、副産物として強力な化学作用をもつ酸素を吐き出す。この初期の単細胞生物が期せずして、二酸化炭素が豊富だった地球の大気に大量の酸素を送り込んだ結果、好気性生物が現れ、海と陸の支配者となった。酸素原子は通常はペア（O_2）で存在するが、上層大気には三個が結びついたオゾン（O_3）というバリエーションがあって、分子を壊す太陽の紫外線光子のほとんどをさえぎって地球の表面を保護するバリアとして働く。

地球上に、そしておそらく宇宙のほかの場所でも、驚くほど多様な生命が存在するのは、宇宙に炭素原子が大量に存在し、炭素を含有する単純な分子や複雑な分子が無数にあるおかげだ。これについては疑う余地がない。炭素系分子には、それ以外のあらゆる分子を合わせたよりもたくさんの種類がある。

しかし、生命とは脆いものだ。地球にはときおり巨大な彗星や小惑星が気まぐれに訪れて衝突する。かつてはこれが頻繁に起きていたが、今でも地球の生態系がこの衝突のせいで破滅に追いやられることがある。わずか六五〇〇万年（地球全史の二パーセントにも満たない期間だ）前のこと、重さ一〇兆トンの小惑星が現在のユカタン半島に衝突し、地球の動植物の七〇パーセント以上を消滅させた。誰もが知るあの巨大な恐竜たちもすべてこのときに消え去った。つまり絶滅したのだ。生態系を襲ったこの惨事によって主を失った場所を、それまではT・レックスの食事の前菜にすぎなかった哺乳類の祖先たちが支配するようになった。この哺乳類のなかで大きな脳をもつ一群（今では霊長類と呼ばれている）が進化して、科学で用いる方法や道具を発明できるほどの知能をもつ種（ホモ・サピエンス）が生まれ、宇宙の起源と進化についてあれこれ考えるに至った。

✷

わかっていることと、まだわからないこと

これより前には何があったのか。宇宙が誕生する前にはどんなことが起きていたのか。

天体物理学者はその答えを知らない。正確に言えば、どれほど独創的であろうが、実験科学による根拠がまったくないか、あっても微々たるものという説しかないのだ。それに乗じて一部の宗教関係者は、われこそ正義と言わんばかりに、すべての起源となる「何か」が存在したはずだと主張する。つまり、ほかのどんなものよりも偉大な力、万物を生み出す源（みなもと）があったというわけだ。すべての原動力とも言える。そのような人の頭の中では、その「何か」とはもちろん神である。

しかし、宇宙がじつはわれわれのまだ知らない状態や条件でずっと存在していた、としたらどうだろう。たとえば新たな宇宙を生み出し続ける多宇宙（マルチバース）として存在していたならどうか。宇宙が「無」からひょっこり生まれ出たとしたらどうだろう。あるいは、われわれのこよなく愛するすべてのものが、超高度な知性をもつエイリアンが戯れにコンピューターでシミュレートしたものにすぎないとしたら？

これらの説は考えとしてはおもしろいが、ふつうは誰も納得しない。それでもわれわれはこれらの見方から、科学の研究者にとって無知こそ基本的な知のスタンスであることに思い至る。自分にはわからないことなど一つもないと思っている人がいるとしたら、それは宇宙における既知と未知との境界線を探究したことがなく、そのような境界線に遭遇したこともない人である。

　われわれにわかっていてきっぱりと断言できるのは、宇宙には始まりがあったということだ。宇宙は進化を続けている。そして、われわれの体を構成するどの原子についても、その起源をさかのぼればビッグバンに、そして五〇億年以上昔に爆発した大質量恒星の内部で起きていた熱核融合に、たどり着くことができる。

　われわれは星屑から生まれた。宇宙について解き明かす力を、その宇宙が与えてくれた。しかし、解明は緒（しょ）についたばかりである。

2　天上と同じく地上でも

ニュートンはどうして天才と呼ばれるのか？

サー・アイザック・ニュートンが万有引力の法則を発表するまで、地上と同じ物理法則が宇宙であまねく通用すると考えるべき理由はまったくなかった。地上では地上的なことが起こり、天上では天上的なことが起こるものだと考えられていたのだ。当時のキリスト教の教えでは、天空は神によって支配され、地上の人間の非力な頭には計り知れないものとされた。ニュートンがすべての運動のからくりを解き明かし、それらを予想可能なものにすることでこの哲学的な壁を打ち破ったとき、彼は創造主の出番をことごとくないものにしたとして神学者から批判された。ニュートンは、熟したリンゴを枝から地面に引き寄せるのと同じ重力が、物体を投げたときに放物線を描かせたり、月を地球のまわりで公転させたりもするということを立証したのである。ニュートンの重力の法則は、太陽を中心に惑星や小惑星、彗星を周回させ、天の川銀河内で数千億個の恒星に軌道をたどらせるものでもある。

物理法則とはこのように普遍的なものであり、その普遍性はほかのどんなものもなしえない形で科学上の発見を導き出す。重力は手始めにすぎなかった。光を色のスペクトルに分解するプリズムが初めて太陽に向けられたとき、一九世紀の天文学者たちがどれほど胸を躍らせたか想像してほしい。スペクトルは美しいだけでなく、光源の物体について温度や組成などの情報をたっぷり教えてくれる。スペクトルに現れる明暗の線からなる固有パターンを調べれば、光源にどんな元素が含まれているかがわかる。太陽の表面に見られる元素のパターンが地上の実験室で観察されるものと同じであることを知り、人々は歓喜し驚嘆した。プリズムは化学者だけの道具ではなくなり、太陽と地球がサイズや質量、温度、位置、外観といった点では異なっていても、どちらも水素、炭素、酸素、窒素、カルシウム、鉄などを共通の元素として持ち合わせていることが、プリズムによって明かされた。しかし、共通の元素のリストよりも重大な発見があった。太陽でこれらのスペクトルの固有パターンが生成される際に働くのと同じ物理法則が、一億五〇〇〇万キロメートル離れた地球でも作用しているとわかったのだ。

すべては「物理法則はどこででも成り立つ」という考え方から始まる

このように物理法則が普遍的に成り立つという考え方は非常に有用で、この考え方を逆方向にあてはめることもできた。太陽のスペクトルをさらに分析すると、地球では見つかったことのない元素の存在を示すパターンが見つかった。この新しい元素は太陽に固有であるとして、ギリシャ語の「ヘリオス」(太陽)にちなんで、ヘリウムと名づけられたが、のちに地上の実験室でも存在が確認された。こうしてヘリウムは、元素周期表に載っている元素のうち、地球以外の場所で最初に発見された唯一のものとなった。

物理法則が太陽系内で成り立つのは確かだ。では、天の川銀河内のどこへ行ってもやはり同じように成り立つのだろうか。宇宙のどこでもそうなのか。いつの時代にも不変なのだろうか。その検証は一歩ずつ進められた。地球の近くにある恒星にも、われわれにとっておなじみの物質が存在することが確かめられた。遠くの連星も、互いのまわりを周回しあう軌道でつなぎ留められていることから考えて、ニュートンの重力の法則をきちんとわきまえているようだ。同じ理由で、連銀河もやはり重力の法則に従っていると思われる。

地層が地質学者にとって地球上のできごとを年代順に記録した年表となるのと同じで、宇宙のかなたに目を向ければ、はるか昔のできごとを観察することができる。天体から得られるスペクトルを調べると、それが宇宙でどれほど遠い天体であっても、空間的および時間的に近い場所で観察されるのと同じ元素の固有パターンが見つかる。現在と比べれば昔のほうが重い元素が少なかった（主に重い元素は連綿と続く恒星爆発によって生み出され続けるので）のは確かだが、これらのスペクトルの固有パターンをもたらした原子と分子のプロセスを支配する法則は、今に至るまで変わっていない。特に、各元素の基本的な固有パターンを決定づける「微細構造定数」と呼ばれる値は、何十億年も不変だったに違いない。

もちろん、宇宙の事物に対応するものがすべて地球上に存在するわけではない。一〇〇万度の高温で輝くプラズマの雲の中を歩いたことのある人はおそらくいないし、街角でブラックホールに出会ったことのある人もいないだろう。大事なのは、これらにあてはまる物理法則の普遍性だ。星雲の放つ光に初めてスペクトル分析を適用したとき、これまた地球上には対応するものが存在しないパターンが検出された。しかし当時の元素周期表には、新たな元素の入る場所が見当たらなかった。そこで天体物理学者は、その正体が解明できるまでの仮称として「ネブリウム」という名前を考案した。やがて、宇宙のガス星雲は密度がとても低いので、原子が互いに衝突することなく長距離を進むということが判明した。こういった状況では、原子内の電子はそれまでに地球上の実験室では観察されたことのないふるまいを示す場合がある。ネブリウムというのは結局、ふつうの酸素の示すふつうでないふるまいが、スペクトルのパターンとして現れたものにすぎなかった。

エイリアンとコンタクトが取れるのも、宇宙の一様さのおかげ

このように、物理法則は普遍的に成り立つ。ということは、われわれが地球とは違う文明の栄えるよその惑星に行ったとして、そこの住人のもつ社会的信念や政治的信条がわれわれとは違っていても、やはり地球上で発見され検証されたのと同じ物理法則が作用しているはずだ。住人たちと話したくても、向こうが英語やフランス語、ましてや中国語など話すはずがない。握手をしたら――相手の体から伸びる器官が手だとして――それが敵対的な行為と見なされるか、それとも友好的な行為と見なされるかも定かでない。そこで最も効果が期待できるのは、科学の言語を使ってコミュニケートする方法を見つけることだ。

一九七〇年代、パイオニア一〇号と一一号、ボイジャー一号と二号という計四機の探査機を使って、その試みがなされた。これらの探査機には、巨大な惑星を利用した重力アシスト（訳注　天体の重力を利用して探査機の進路変更や加速をする技術）を経て太陽系から完全に離れるのに十分な燃料が搭載された。

パイオニア本体には、太陽系の配置や天の川銀河における地球の位置、水素原子の構造

を科学的に示す図の刻まれた、金色に輝く銘板が装着された。ボイジャーにはさらに進んだ試みとして、母なる地球のさまざまな音を入れたゴールデンレコードが積み込まれた。人間の心臓の鼓動、クジラの「歌」、それにベートーヴェンやチャック・ベリーなど、世界中から選りすぐった楽曲が録音されていた。おかげで人間味のあるメッセージとなったが、エイリアンの耳がこれを聞いて何だかわかるか、それは定かでない。そもそもエイリアンに耳があるのかどうか。この試みはいろいろとパロディー化されているが、私のお気に入りは、ボイジャーの打ち上げ直後にNBCの《サタデー・ナイト・ライブ》で放送されたネタだ。ボイジャーに遭遇したエイリアンから届いたという手紙が示されるのだが、そこには「チャック・ベリーをもっと頼む」とだけ書かれている。

科学が発展したのは、物理法則の普遍性だけでなく、物理定数の存在と不変性によるところも大きい。たいていの科学者が「ビッグG」（大文字のG）と呼ぶ重力定数は、ニュートンの重力方程式において重力の強さを表す尺度となる。この値が数十億年のあいだに変化していないかどうか、ひそかに検証されてきた。計算してみると、恒星の光度はこのビッグGによって大きく変化することがわかる。つまり、過去にビッグGの値がほんの少しでも違っていたなら、かつて生物学上の、気候学上の、あるいは地質学上の記録に刻まれたどんな変化も問題にならないほど、太陽のエネルギー出力が今とかけ離れた値になっていたに違いない。
われわれの宇宙の一様さとは、つまりはそれほど大事なものなのである。

✴

光速は宇宙共通の制限速度である

すべての定数のなかで、最もよく知られているのは光の速度である。物体がどれほど速く進もうとも、光を追い越すことはできない。それはなぜか。これまでに行なわれたいかなる実験でも、物体が光速に達したことはない。これは、十分に検証された数々の物理法則によって予想され、説明もできる事実だ。こんなふうに言ったら「頭の硬いヤツ」と思われるのは重々承知している。確かに、科学にもとづいたつもりの頑迷きわまりない発言が発明家や技術者の力を正しく見極められなかった例は過去にいろいろある。「人間が空を飛ぶことは決してありえない」「飛行機が商業的に運用されることはありえない」「原子をもっと小さく分割することは絶対に無理だ」「音速の壁を破ることは不可能である」「人類が月に行くことはありえない」などと言われたが、これらに共通しているのは、確立された法則によってその実現が妨(さまた)げられることはなかったという点である。

一方、「光を追い越すことはできない」というのは、こうした予想とは質が異なる。これは時の検証を受けた基本的な物理の原理から出てくるものだ。未来の星間旅行者に向けて設置されるハイウェイの標識には、こんなもっともなことが書いてあるのではないだろうか。

制限速度＝光速。
これは提案ではなく
法である。

地球の道路でスピード違反をすれば警察につかまるが、物理法則のよい点は、遵守させるのに警察などの強制力が要らないということだ。もっとも、私が昔もっていたオタク好みのTシャツには「重力に従え」と大書されていたが。

どの測定値を見ても、既知の基本的な定数やそれを基準とする物理法則は、時間にも場所にも依存しないらしいことがわかる。まさに一定で普遍的なのだ。

✷

見えないのに重力だけは感じられる謎の物質

自然現象を観察すると、多くの場合、複数の物理法則が同時に作用しているのがわかる。このせいで、分析がしばしば複雑になる。そしてたいていの場合、そこで起きていることを推定し、重要なパラメーターを追跡するためには、高速の計算が必要となる。一九九四年七月にシューメーカー＝レヴィ第九彗星が木星の濃厚な大気に突入して爆発したとき、最も正確な計算をしたコンピューターモデルでは、流体力学、熱力学、運動学、重力の法則が組み合わされていた。気候と気象も複雑な（それゆえ予想が難しい）現象の代表的な例である。それでもなお、これらを支配する基本法則はちゃんと働いている。木星で少なくとも三五〇年間は勢力を保っている猛烈な高気圧である大赤斑（だいせきはん）も、太陽系内の地球やその他の場所で嵐を発生させるのとまったく同じ物理的プロセスでできている。

普遍的真理のなかには、ある種の測定された数量は絶対に変わらないという「保存則」もある。特に重要なのは、質量とエネルギーの保存、線形運動量および角運動量の保存、電荷の保存という三つである。これらの法則は地球上で明白なだけでなく、われわれが今までに調べようと思ったあらゆる場所で――素粒子物理学の領域から宇宙の大規模構造に至るまでどこでも――やはり確認できる。

こう大きく出たものの、たとえ楽園でもすべてが完璧なわけではない。宇宙で観測される重力の八五パーセントについては、その起源を見ることも触れることも味わうこともできないのだ。われわれの目に見える物質を引きつけていることから、それがあるとはわかっても、そのものは検出できずにいる物質を「ダークマター」と呼ぶ。この謎めいた物質は、まだ発見も同定もされていない風変わりな粒子でできているのかもしれない。しかしごく一部の天体物理学者は納得せず、ダークマターなど存在しないと言い張っている。ニュートンの重力の法則に手を加えれば説明がつくというのだ。彼らに言わせれば、ニュートンの方程式に新たな要素をいくつか加えたらそれでうまくいくらしい。

ニュートンの重力の法則には実際に調整が必要だということが、いずれ明らかになるかもしれない。それはそれでかまわない。過去にも一度、そういうことがあったからだ。アインシュタインが一九一六年に発表した一般相対論は、超大質量の物体にも適用できるようにニュートンの重力の法則を拡張したものだった。ニュートンの重力の法則は、ニュートンその人が知らずにいたこの大スケールの、拡張された領域では成り立たなくなるのだ。ここから得られる教訓がある。われわれが法則を信頼してよいのは、その法則が検証されて正しさが証明された条件の範囲内においてであるということだ。この範囲が広ければ広いほど、宇宙を記述するにあたってその法則は有効で確固たるものとなる。日常的で身近な強さの重力については、ニュートンの法則がきちんと成り立つ。一九六九年に人類が月へ行って無事に地球へ帰還できたのも、この法則あればこそ。しかしブラックホールや宇宙の大規模構造については、一般相対論が必要だ。アインシュタインの方程式に低質量と低速度を代入すれば、まさに文字どおり（というより数学的に）ニュートンの方程式となる――であるがゆえに、われわれが理解しているつもりの事柄について、本当に理解できていると自信をもっていいことになる。

✷

物理法則を知ることで、無益な悶着を減らそう！

科学者にとって、物理法則の普遍性ゆえに宇宙はすばらしく単純な場所である。それと比べると、人間性（心理学者の領域だ）という代物はとてつもなく手ごわい。アメリカでは、学校で教える科目を地域の教育委員会が投票で決める。場合によっては、文化や政治や宗教をめぐる気まぐれな風潮に従って票が投じられることもある。世界の各地で信念体系の違いから政治的な不和が生じ、それは必ずしも平和的に解消できない。一方、物理法則はそれを信じるか否かにかかわらずどこでも成り立つ。この点こそ、物理法則の威力であり長所である。

要するに、物理法則を除いて、あらゆるものは「意見」にすぎないということだ。科学者のあいだに見解の相違がないというわけではない。実際、科学者は議論を戦わせる。それも盛大に。しかし議論するのはたいてい、われわれの知識の最前線で不十分なデータや常軌を逸したデータの解釈について見解を表明するときである。物理法則を引き合いに出すことができれば必ず、議論はすぐに決着する。「いやいや、永久機関に関する君の考えは絶対にうまくいかない。十分に検証されてきた熱力学の法則に反しているから」とか「無理だ。時間をさかのぼって自分が生まれる前に母親を殺せるようにするタイムマシンをつくることはできない。因果律に反するから」、あるいは「運動量の法則を侵さない限り、自力で地面から離れて空中に浮揚することはできない。蓮華坐(れんげざ)のポーズをしようが関係ない」*などと、たやすく論破できるのだ。

物理法則に関する知識は、人と角(つの)突き合わせなければならないときに自信を与えてくれる場合もある。何年か前のことだが、私はカリフォルニア州パサデナのデザート店で寝酒代わりにホットココアを飲もうと思った。もちろんホイップクリーム入りを注文した。と

*腹にたまったガスを持続的に勢いよく放出することができるなら、理論上はこの芸当は可能である。

ころがテーブルに運ばれてきたのを見ると、クリームの姿がない。クリームが入っていないとウェイターに言ったが、向こうは一歩も引かず、底に沈んでいるから見えないだけですよと言う。しかしホイップクリームは密度が低いので、人間が口にするどんな飲み物にも浮かぶはずだ。そこで私はウェイターに、考えうる二つの説明をぶつけた。誰かが私のココアにクリームを入れ忘れたか、あるいは普遍的な物理法則がこの店では通用しないか、そのどちらかだと言ってやったのだ。ウェイターは納得せず、挑戦的な態度でホイップクリームを持ってきて、自分の主張を立証しようとした。クリームは一度か二度浮き沈みするとココアの表面に現れて、しっかり浮かんだ。

物理法則の普遍性に関する、これほど鮮やかな証明もほかにあるまい。

3　光あれ

宇宙が「晴れ上がった」日

ビッグバンのあと、宇宙の主たる務めは膨張であり、空間を満たすエネルギーの密度は希薄化し続けた。一瞬ごとに少しずつ宇宙は大きくなり、温度が下がり、暗くなった。その一方で、物質とエネルギーは不透明なスープのような状態で共存し、そこでは奔放な電子が絶えず四方八方に光子をばらまいていた。

三八万年間、この状況が続いた。

この初期宇宙では、光子は電子にぶつからずに長距離を進むことができなかった。このころに宇宙を見渡すように命じられた人がいたら、任務を遂行することはできなかったはずだ。見えるのは、数ナノ秒前か数ピコ秒前に目の前で電子にはじき飛ばされた光子だけ*。情報が眼に届くまでに光の進める距離がせいぜいこの程度なので、どの方向を見ても宇宙は輝く不透明な霧でしかなかった。のちの太陽やほかのあらゆる恒星と同じ状況だったというわけだ。

温度が下がるにつれて、粒子の運動は緩慢になっていく。ちょうどこのころに宇宙の温度が初めて灼熱の三〇〇〇度を割り込むと、電子の運動速度が下がり、通りすがりの陽子が電子をつかまえられるようになって、一人前の原子がこの世に誕生した。これによって、それまで自由に動き回れなかった光子が解き放たれ、宇宙のどこへでも妨(さまた)げられることなく行かれるようになった。

一三〇億年以上の昔の光の名残(なごり)は、今も「見る」ことができる

これが「宇宙背景放射」であり、初期のまばゆく燃える宇宙で生じた光の名残である。スペクトルで光子の分布を調べれば、温度が特定できる。宇宙の温度が下がり続けると、スペクトルの可視域で生じた光子は膨張宇宙にエネルギーを奪われ、やがてスペクトルでの位置を下げて赤外線の光子に変化した。しかし可視光の光子がエネルギーを失っていっても、光子でなくなることはなかった。

スペクトルでさらに低い位置にあるのは何だろう。光子が解き放たれたころと比べて、

現在の宇宙は一〇〇〇倍の大きさに膨張している。ということは、宇宙背景放射の温度は一〇〇〇分の一に下がっている。この時期に生じた可視光の光子はすべて、当時と比べてエネルギーが一〇〇〇分の一になっている。こうして光子が今ではマイクロ波となっていることから、この放射の現代における呼び名は、「宇宙マイクロ波背景放射」（ＣＭＢ）となっている。この調子で行けば、今から五〇〇億年後にはマイクロ波はさらに低エネルギーの電波となってしまい、天体物理学者は「宇宙電波背景放射」について論文を書くことになるだろう。

物質が加熱されて発光すると、スペクトルの全域の光が放出されるが、スペクトルのどこかに必ずピークが存在する。昔ながらの金属製フィラメントを使った家庭用の電球では、必ず目に見えない赤外域にピークが出現する。このタイプの明かりが可視光源として非効率的であるのは、ひとえにこれによる。われわれの感覚は、赤外線を温かさとして皮膚でとらえることしかできないのだ。しかし先進の照明技術に起きているＬＥＤ革命によって、スペクトルの不可視域で電力を無駄に消費することなく、可視光のみを生み出すことが可能になった。「七ワットのＬＥＤは六〇ワットの白熱灯に相当」などと、にわかには信じ

＊一ナノ秒は一秒の一〇億分の一。一ピコ秒は一秒の一兆分の一。

がたい言葉が電球のパッケージに書かれているのも、あながち間違いではないわけだ。

　宇宙マイクロ波背景放射は、かつてまぶしく輝いていたものの名残として、光を放っているが冷えつつある物体に想定される特性を備えている。スペクトルにピークが一つあるが、ほかの領域でも光を発するのだ。宇宙マイクロ波背景放射はマイクロ波の領域でピークを示すが電波も放ち、もっと高いエネルギーをもつ光子もほんのわずかだが放出する。

宇宙の温度を計算で突き止めた天才たち

　二〇世紀の中ごろ、宇宙論（コスモロジー）という分野（美容術（コスメトロジー）とは別物ですぞ！）にはデータがあまりなかった。データが貧弱な領域では、少なからぬ数の願望にもとづいた巧妙な説が、相容（あいい）れないまま併存するものだ。一九四〇年代、ロシア生まれのアメリカ人物理学者のジョージ・ガモフと同僚らが、宇宙マイクロ波背景放射というものがあるはずだと予想した。アイディアのもととなったのは、ベルギーの物理学者で聖職者でもあり、一般にビッグバン宇宙論の「父」と見なされているジョルジュ・ルメートルが一九二七年に発表した理論である。しかし宇宙背景放射の温度を最初に推定したのは、アメリカの物理学者、ラルフ・アルファーとロバート・ハーマンだった。一九四八年のことである。彼らの計算は、次の三つの柱に拠（よ）っていた。（1）アインシュタインが一九一六年に発表した一般相対論、

（2）宇宙が膨張しているという、エドウィン・ハッブルによる一九二九年の発見、

（3）第二次世界大戦で使われた原子爆弾を建造したマンハッタン計画の、実行前から実行中にかけて実験室で発展した原子物理学、である。

ハーマンとアルファーは計算の結果として、宇宙の温度は絶対温度五度（訳注　絶対零度＝摂氏マイナス二七三・一五度）だと主張した。はっきり言って、彼らは間違っていた。精密に測定すると、このマイクロ波の温度は絶対温度二・七二五度である（絶対温度二・七度と簡単に表記されることもある。細かい数字が苦手な人は、さらに丸めて絶対温度三度としても、どこからもお咎めはないだろう）。

だが、ちょっと考えてみよう。ハーマンとアルファーは実験室で生み出されたばかりの原子物理学を使い、初期宇宙における仮説上の状況にそれを適用した。これをもとに数十億年後を推定し、現在の宇宙の温度を計算した。彼らが正解にいくらかなりとも近い値を予想したことはむしろ、人類の洞察のなし遂げためざましい偉業である。一〇倍か一〇〇倍、あるいはそれよりさらに大きく外れていてもおかしくはなかった。この功績について、アメリカの天体物理学者のＪ・リチャード・ゴットはこう述べている。「背景放射の存在を予想し、その温度を二倍以内の精度で特定できたのはいわば、直径一五メートルの空飛ぶ円盤がホワイトハウスの芝生に着陸すると予想して、実際には直径八メートルの空飛ぶ

円盤が飛来した、というくらいの大手柄と言える」

＊

初期宇宙の光＝温度の名残は、偶然観測された！

一九六四年、宇宙マイクロ波背景放射が初めて直接観測された。といっても、AT&T社の研究機関であるベル研究所に所属するアメリカ人物理学者のアーノ・ペンジアスとロバート・ウィルソンによる、偶然の成果だった。一九六〇年代には、このマイクロ波のことを知っている者はいくらでもいたが、検出できる技術をもつ者はほぼ皆無だった。そこで通信業界をリードしていたベル研究所が、その目的に特化した巨大なホーン(角型)アンテナを開発した。

しかし信号を送受信したければ、まずは信号の汚染源となるものがないほうがありがたい。ペンジアスとウィルソンは、アンテナに対するマイクロ波の背景雑音を測定し、スペクトルのこの帯域内で雑音のないクリーンな通信をしたいと考えた。二人はマイクロ波の受信装置の精度を高める技術の達人であって天文学者ではなかったので、ガモフやハーマンやアルファーによる予想については何も知らなかった。

宇宙マイクロ波背景放射が、ペンジアスとウィルソンの意図して追求していたものでなかったのは確かだ。二人はAT&T社のために新たな通信チャンネルを開拓しようとしていただけである。

ペンジアスとウィルソンは実験を行ない、地上や宇宙にあって雑音源となることがわかっているものが見つかれば、すべて自分たちのデータから取り除いていった。それでも、信号の一部がどうしても消去できなかった。紆余曲折（うよきょくせつ）の末にアンテナの皿の内側を調べてみると、ハトが巣をつくっていた。そこで二人は、白い誘電性物質（ハトの糞）が例の信号を引き起こしているのではないかと考えた。というのは、検出器をどの方角に向けても信号が検出されたからだ。問題の誘電性物質を掃除すると、雑音はいくらか軽減したが、それでもなんらかの信号は完全には消えなかった。一九六五年に二人が発表したのは、単にこの説明不可能な「過剰なアンテナ温度」*を論じるだけの論文だった。

同じころ、プリンストン大学でロバート・ディッケの率いる物理学者チームが、宇宙マイクロ波背景放射をとらえるために特別設計された検出器の建造を進めていた。しかしべ

* A. A. Penzias and R. W. Wilson, "A Measurement of Excess Antenna Temperature at 4080 Mc/s," *Astrophysical Journal* 142 (1965) : 419-21.

ル研究所と違って潤沢な資金がなかったので、作業はベル研究所よりも少し遅れていた。ペンジアスとウィルソンの論文のことを聞いた瞬間、ディッケらはアンテナで観察された過剰な温度の正体が即座に理解できた。すべてがかみ合った。特に温度の値そのものと、信号が空の全方位から届くという事実が、宇宙マイクロ波背景放射の特徴とぴたり一致した。

一九七八年、ペンジアスとウィルソンはこの発見でノーベル賞を授与された。二〇〇六年には、アメリカの天体物理学者のジョン・C・マザーとジョージ・F・スムートが、スペクトルの広範囲にわたる宇宙マイクロ波背景放射を観測した功績でノーベル賞を受賞した。こうして、独創的だが未検証のアイディアを温める場所にすぎなかった宇宙論が、精密な実験科学の領域へと様変わりすることになった。

＊

宇宙の温度がわかると、何の役に立つのか？

遠い宇宙から光が地球に届くまでには時間がかかるので、深宇宙をのぞき込めば、はるかな時間を実際にさかのぼって観察することができる。つまり、かなたの銀河で暮らす知的生命体の姿をわれわれの目がとらえたまさにその瞬間における宇宙背景放射の温度は、その生命体自身がそれを測ったとしたら、絶対温度二・七度を上回っているはずだ。なぜなら、われわれのはるか遠方にある彼らの暮らす宇宙は、われわれの宇宙よりも若く小さく、高温であるから。

じつは、この仮説を実際にテストすることができる。シアン分子（かつては有罪判決を受けた殺人犯の死刑執行時にガスの有効成分として使われた）は、マイクロ波を浴びると励起（訳注　エネルギーの高い状態に移行すること）する。マイクロ波がわれわれの宇宙マイクロ波背景放射よりも高温であれば、分子の励起がさらに活発になる。ビッグバンモデルによれば、遠くの若い銀河に存在するシアンは、われわれの天の川銀河にあるシアンよりも高温の宇宙背景放射にさらされると考えられる。そしてまさに、われわれの実際の観測結果はこの考え方のとおりになっている。

この考え方は適当な思いつきなんかではない、ということだ。

この話のどこがおもしろいのか？　ビッグバンの三八万年後まで宇宙は不透明だったので、どんな好位置に陣取っても、物質が生成するようすは観察できなかったはずだ。銀河団や虚空が生じ始めているのを見るのも無理だった。見るに値するものが見えるようになるには、光子がこの情報の運び手として妨げられることなく宇宙を突っ切って進む必要があった。それぞれの光子が宇宙横断旅行に出発した地点は、運動の邪魔をする電子にぶつかった最後の場所であり、「最終散乱点」と呼ばれる。電子にぶつからずに進むことのできる光子が増えていくと、膨張する最終散乱「面」が生じる。この「面」には一二万年分ほどの厚みがある。宇宙のあらゆる原子がここで生まれた。電子が原子核と結合すると、わずかなエネルギーのパルスが光子となって、宇宙のかなたへ飛び立っていく。

このころには、宇宙のいくつかの領域はその構成要素の重力によって凝集（ぎょうしゅう）しはじめていた。これらの領域で最後に電子にぶつかって散乱した光子は、周囲に何もない場所で他者と交わることのない電子にぶつかった光子とは異なる性質をもち、少し温度が低くなる。物質が凝集する場所では重力の強さが増し、さらに多くの物質が凝集できる。このような領域が核となって超銀河団が形成される一方で、ほかの領域は比較的がらんとしたまま取り残された。

宇宙マイクロ波背景放射を詳細な図に描いてみると、まったくの一様ではないことがわかる。温度が平均よりわずかに高い部分や低い部分があるのだ。宇宙マイクロ波背景放射のこうした温度差を調べると――すなわち、最終散乱面のパターンを調べるということだ――初期宇宙では物質の構造や中身がどんなものだったか推測することができる。銀河や銀河団、超銀河団がどのように誕生したか突き止めるためにこうして用いることのできる宇宙マイクロ波背景放射は、いわば最良の探測装置だ。宇宙マイクロ波背景放射は有効なタイムカプセルとして、天体物理学者が宇宙の歴史をさかのぼって再構築するのを可能にしてくれる。この背景放射のパターンを調べるのは、生まれてまもない宇宙の頭蓋骨の凹凸を分析することによって、宇宙の骨相学的分析をするようなものだ。

現在の宇宙や遠い昔の宇宙の姿を知りたければ、別の方法ではうまくいかなくとも、宇宙マイクロ波背景放射を利用することで宇宙のあらゆる基本的な特性を解読することができる。高温領域と低温領域のサイズや温度の分布を比較すれば、当時の重力の強さや物質の凝集速度が推測でき、それによって、宇宙に存在する通常物質、ダークマター、そしてダークエネルギーの量を推定することもできる。その結果から、宇宙が永久に膨張を続けるのかどうかも簡単に判断できる。

＊

宇宙論が精密科学になった日

「通常物質」とは、われわれを構成する物質である。重力をもち、光と相互作用する。

「ダークマター」とは、重力はあるが既知のいかなる方法でも光と相互作用しない謎の物質である。「ダークエネルギー」とは宇宙の真空中に存在して、重力とは真逆の斥けあう力をおよぼし、宇宙を本来の速度よりも高速で膨張させる、謎の圧力である。

宇宙を骨相学的に調べてわかるのは、われわれは宇宙が過去に示したふるまいは理解できるが、宇宙の大部分はわれわれに見当もつかない物質でできているということだ。このように不明な部分が大きいにもかかわらず、今や宇宙論は以前にはなかった頼みの綱を手に入れている。というのは宇宙マイクロ波背景放射が、われわれが今に至るために昔くぐった「扉」について明らかにしてくれるからだ。そこで興味深い物理現象が起きたのであり、光が解き放たれる前とあとの宇宙について知ることのできたのもそこである。

宇宙マイクロ波背景放射の発見という単純な成果によって、宇宙論はただの神話学以上のものとなった。宇宙マイクロ波背景放射の正確で詳細な天体図があればこそ、宇宙論は現代科学となりえたのである。宇宙論学者のもつ自負たるや、強烈なものだ。宇宙を生み出した起源を推測する仕事に携わる者が、強烈な自負をもたずにいられるはずがない。データがなかったころは、彼らの説明はただの仮説にすぎなかった。しかし今では新たな観測がなされ、新たなデータが得られるたびに、諸刃の剣が振るわれる。ほかの科学の多くに備わったのと同じ強固な基盤の上で宇宙論の発展が可能になるのはいいが、正否を判断するのに十分なデータがなかったころに考え出された理論は力を失う。
いかなる科学も、この葛藤なくして成熟することはない。

4　銀河のあいだで

真っ暗な宇宙には何もないのか？

宇宙を構成する無数の要素のなかで、銀河はしばしばその数が取り沙汰される。最新の推定によれば、観測可能な宇宙には銀河が一〇〇〇億個ほど存在する可能性がある。多数の恒星を抱く美しい銀河が輝きながら宇宙の暗い虚空を彩る光景は、夜の帳に点々と浮かび上がる都市の明かりを思わせる。しかし、宇宙の虚空とはどれほど空疎なのだろう（都市と都市のあいだに広がる田舎にはどのくらい人がいないのか）。銀河が明々白々たるものとして目の前にあり、ほかに目を向けるべきものなどないような気がするかもしれないが、宇宙では銀河と銀河のあいだに、検出されにくい何かが潜んでいるのかもしれない。宇宙の進化において、この「何か」のほうが銀河なんかよりおもしろいかもしれない。あるいは重要かもしれない。

　われわれのいる渦巻銀河が英語で「ミルキーウェイ」と呼ばれるのは、肉眼で見るとこぼれたミルクが地球の夜空を横切っているように見えるからだ。それだけでなく、英語で銀河を意味する「ギャラクシー」という言葉も、ギリシャ語で「乳(ミルク)のような」を意味する「ガラクシアス」に由来する。われわれの最も近くにある二つの銀河は地球から約二〇万光年の位置にあり、どちらも小さく、いびつな形をしている。フェルディナンド・マゼランの名声を不動にした一五一九年の世界一周航海で残された航行日誌には、これらの天体が記録されている。彼を称えて大マゼラン雲、小マゼラン雲と呼ばれるこの二つは、主に地球の南半球で、星々の向こうで空に浮かぶ雲のような一対の斑点として見える。われわれの銀河よりも大きい最寄りの銀河は二〇〇万光年のかなた、アンドロメダ座を形成する恒星群の向こうにある。この渦巻銀河はかつてアンドロメダの雲(アンドロメダ・ネビュラ)と呼ばれたもので、天の川銀河とよく似ているがサイズはいくらか大きく、光も強い。天の川(ミルキーウェイ)、マゼラン雲(マゼラニック・クラウド)、アンドロメダの雲(アンドロメダ・ネビュラ)というのがどれも星(スター)にかかわりがないかのような命名なのはおもしろい。望遠鏡の発明以前に命名されたので、銀河の構成要素である恒星まで見て取ることがまだできなかったのだ。

✷

銀河と銀河のあいだの虚空にあったもの

第9章で詳しく述べるが、望遠鏡で複数の光の波長域を観測することができなかったら、われわれは今でも銀河間の空間には何も存在しないと信じきっているかもしれない。新たな検出装置と新たな理論の助けを借りて、われわれは宇宙の辺境を探索し、検出しがたいものをいろいろと見出した。矮小銀河や猛スピードで動いていく逃走星（ランナウェイスター）、爆発する逃走星、数百万度の高温でX線を放射するガス、ダークマター、かすかな青色銀河、遍在するガス雲、驚異の高エネルギー荷電粒子、謎めいた量子真空エネルギーなどが見つかっている。これほどあれこれそろうのなら、宇宙のおもしろさは銀河内よりも銀河間にあり、と言えるかもしれない。

宇宙に関する確かな研究では必ず、矮小銀河の数は一〇対一以上の比率で大型銀河を上回るとされている。私は一九八〇年代の初めに宇宙に関するエッセイの一作めを書いたのだが、それは「銀河と七つの矮小銀河」（訳注　「白雪姫と七人のこびと（ドワーフ）」をもじっている）というタイトルで、天の川銀河を取り巻くちっぽけな仲間たちを扱った。その後、近隣の矮小銀河は二十数個を数えるに至っている。典型的な銀河には数千億個の恒星が存在するが、矮小銀河では恒星がわずか一〇〇万個ほどというものもあり、そのような矮小銀河を検出するのは通常の銀河よりも一〇〇万倍難しい。われわれの目と鼻の先でいまだに新たな矮小銀河が見つかり続けているのも、不思議ではないのだ。

恒星を生み出さなくなった矮小銀河は、おもしろみのない小さな斑点のように見えることが多い。一方、恒星を生み出す矮小銀河はみないびつな形をしており、率直に言って見た目は残念だ。矮小銀河には、検出の妨(さまた)げとなる要素が三つある。第一にサイズが小さいので、蠱惑(こわく)的な渦巻銀河たちが人目を引こうと競いあっているなかでは見過ごされやすい。第二に暗いので、一定の光度以下を切り捨てる銀河観測の多くでは見つからない。そして第三に恒星の存在密度が低いので、地球の夜の大気やほかの発生源の放つ周囲光の輝きに打ち勝つにはコントラストが足りない。どれももっともな理由である。しかし「ふつう」の銀河よりも矮小銀河のほうが数は圧倒的に多いので、ひょっとするとわれわれの考える「ふつう」の定義を見直す必要があるかもしれない。

目立たない「矮小銀河」こそおもしろい

（既知の）矮小銀河のほとんどは、もっと大きな銀河のまわりを衛星のように回っている。二つのマゼラン雲は、天の川銀河に属する矮小銀河の仲間である。しかし衛星銀河の生涯は、かなり危険に満ちている。衛星銀河の軌道を扱うコンピューターモデルではたいがい、あわれな矮小銀河がまずはゆるやかに崩壊し、やがて粉々に砕けて主銀河に呑み込まれることになる。天の川銀河は、過去一〇億年間に少なくとも一度はこのように矮小銀河を呑み込む共食い行為をしている。この矮小銀河から引きはがされた残骸が、条(すじ)状に連なる恒星群となり、いて座の恒星たちの向こうで銀河中心を周回しているのが観察できる。この恒星の集団はいて座矮小銀河と呼ばれているが、共食いの犠牲となったことを偲(しの)んで「昼食(ランチ)」とでも名づければよかったかもしれない。

　銀河団の高密度の環境では、複数の大型銀河が衝突することもめずらしくなく、衝突のあとには巨大なカオスが残される。渦巻状だったものがまったく原形をとどめないほどゆがんだり、ガス雲どうしの激しい衝突によって爆発的な星形成が新たに誘発されたり、両銀河の重力から逃れたばかりの何億個もの恒星があちこちへばらまかれたりする。恒星が再び集まって、矮小銀河と呼べる集団を形成することもある。一方、さまよい続ける恒星もある。大型銀河のおよそ一割において、重力の作用で別の大型銀河との大規模な衝突を経験したことを示す証拠が認められる。銀河団内の銀河に限れば、この割合は五倍ほど高くなるかもしれない。

　このような騒乱が起きているなかで、いったいどれくらいの放浪者が銀河間空間を満たしているのか。特に、銀河団の内部ではどうなっているのだろう。確かなことは誰にもわからない。数え上げるのは難しい。というのは、孤立した恒星は暗すぎて、個別に検出できないからだ。したがって、すべての恒星を合わせた光のもたらすかすかな輝きの検出に頼るしかない。実際、銀河団の観測で検出できるのは、銀河間のそのような輝きだけである。このことから、銀河内に存在する恒星の数に匹敵するほど多数の流浪の恒星が存在する可能性が考えられる。

この見方を裏づけるさらなる根拠として、われわれは「主」銀河と推定されるものから遠く離れた場所で爆発した超新星を（わざわざ探したわけではないのに）これまでに一〇個以上も見つけている。ふつうの銀河には、このように爆発する恒星一個につき、爆発しない恒星が一〇万個から一〇〇万個ほどもある。ということは、孤立した超新星の数から未検出の恒星の総数が割り出せるかもしれない。超新星というのは、爆発して粉々になるまでの過程で一時的に（数週間にわたり）光度が一〇億倍に上がった恒星であり、この輝きによって宇宙のかなたからでもその姿が見えるようになる。これまでに見つかった放浪の超新星が一〇個あまりというのは比較的小さな数字だが、これをはるかに上回る多数の超新星が発見されるのを待っているかもしれない。なぜなら、ほとんどの超新星探索は既知の銀河を系統的に観察するのであって、虚空を観察するわけではないからだ。

銀河団を構成するのは、銀河やさまよう恒星だけではない。X線望遠鏡で観測すると、数千万度の高温で空間を満たす銀河団内ガスのあることがわかる。このガスは非常に高温なので、スペクトルのX線波長域で強く光る。ガスの多い銀河がこの銀河団内ガスを通過すると、銀河のもっていたガスがはぎ取られ、新たな恒星を生み出す力が奪われる。なるほど、筋は通るようだ。しかしこの高温のガスがもつ質量を総計すると、たいていの銀河団では銀河団内にある銀河の総質量を一〇倍も上回る。さらに厄介なことに、銀河団には大量のダークマターが存在し、これがまたほかのすべてを最大でさらに一〇倍上回る質量をもっている。つまり、望遠鏡が光ではなく質量を観測するものだったとしたら、銀河団内の愛しき銀河たちは重力で形成される巨大な球形の塊(かたまり)の中にまぎれ込んだ、ちっぽけな存在のように見えることだろう。

✴

遠くの宇宙を観測するのは、地質学の地層調査と同じこと

銀河団外の宇宙空間には、はるか昔に栄えた銀河の集団が存在する。前にも言ったが、宇宙を遠くまで眺めることは、岩石形成の歴史が丸ごと刻まれている地層を地質学者が観

察するのと似ている。宇宙の距離は非常に遠大なので、光がわれわれに届くまでには数百万年から数億年、場合によっては数十億年もの時間がかかる。宇宙の年齢が今の半分だったころには、非常に青く微弱な光を放つ、中くらいの大きさの銀河が栄えていた。われわれはその銀河を見ることができる。それらははるか昔のもので、遠く離れた銀河の代表である。その青色は、生まれたばかりで短命、大質量、高温、高光度の恒星の輝きに由来する。こうした銀河の光が弱いのは、遠く離れているから、というほかに、銀河内で輝く恒星の数が少ないせいでもある。地球上に出現した恐竜が絶滅し、鳥類だけが末裔として現在まで生き延びているのと同様に、この微光青色銀河はもう消滅したが、おそらく現宇宙にはその末裔と言えるものが存在している。それらの銀河を構成していた恒星はすべて燃え尽きてしまったのだろうか。見えない遺骸となって、宇宙全体にちらばっているのか。進化して、今やおなじみの矮小銀河となったのか。それとも、もっと大きな銀河に丸ごと呑み込まれたのだろうか。われわれにはその答えはわからないが、こうした銀河は宇宙の歴史年表で確固たる位置を占めている。

レンズ代わりになる星——クエーサー

大型銀河のあいだにこのようにいろいろなものが存在するなら、その一部がわれわれの視界を陰らせてその向こうにあるものを見えなくしている、とは考えられないか。このことが問題となるかもしれないのが、クエーサーなどのように宇宙でとりわけ遠方にある天体の場合だ。クエーサーとは超高光度の銀河の核であり、一般にその光が旅路に就いてから宇宙を越えてわれわれの望遠鏡に到達するまでには数十億年もかかる。きわめて遠方にある光源として、クエーサーはあいだに立ちはだかる障害物を検出するのに理想的な道具となる。

クエーサーからの光を構成要素の色に分解してスペクトルを調べると、予想どおり、地球とのあいだに存在するガス雲がさまざまな波長を吸収していることがわかる。既知のクエーサーはすべて、それが空のどこにあっても、時空のあちらこちらにばらまかれた多数の孤立した水素雲に由来する特徴を示す。銀河間にあるこのユニークな天体は、一九八〇年代に初めて発見され、それ以来、天体物理学において活発な研究対象となっている。では、これらの水素の雲はどこから生じたのか。質量はどのくらいなのか。

既知のクエーサーについてはこのように水素に由来する特徴が必ず見られるので、宇宙のいたるところに水素雲が存在すると考えられる。そして予想どおり、遠くのクエーサーほどスペクトルに水素雲がたくさん現れる。水素雲の痕跡の一部（一パーセント未満）は、ふつうの渦巻銀河やいびつな形をした銀河に含まれるガスをわれわれの視線が貫通する結果として生じたものにすぎない。もちろんクエーサーのなかには、遠すぎてふつうの銀河よりも光が弱いために検出できないものも、少なくともいくらかはあると考えられる。しかしそれ以外で波長を吸収する要因は、まぎれもなく天体である。

一方、クエーサーの光は一般に巨大な重力源の存在する領域を通過してくるので、得られるクエーサー像は原形をとどめていないことも多い。この重力源を検出するのがしばしば難しいのは、単に遠くにあって暗い通常物質でできているからか、または銀河団の中心や周辺領域にあるようなダークマターのゾーンだからかもしれない。いずれにしても、質量が存在するところには重力も存在する。そしてアインシュタインの一般相対論に従えば、重力が存在するところでは空間にゆがみが生じる。空間がゆがんでいるところでは、ゆがんだ空間がふつうのガラスレンズの曲面と同様に働いて、通過する光の進路を曲げることがある。実際、遠くのクエーサーや銀河全体は、ちょうど地上の望遠鏡に対して視線上に位置する物体から「レンズ作用」を受けている。レンズ自体の質量や、視線との位置関係によって、背景の光源がレンズ作用を受けて、遊園地のミラーハウスのように拡大したり、ゆがんだり、場合によっては複数の像に分裂したりする。

宇宙で最も遠くにある（既知の）天体の一つはクエーサーではなくふつうの銀河だが、そのかすかな光は観測者とのあいだに存在する重力レンズの作用で大幅に強められている。

今後は、ふつうの望遠鏡では到達できない場所(および時代)を観測して、「宇宙で最も遠い」部門の記録を塗り替える天体を見つけ出すために、こうした「銀河間」の望遠鏡に頼る必要があるかもしれない。

＊

何もない空間も、真空エネルギーに沸き立っている

銀河間空間が嫌いだという人はいない。しかしいざ行くとなれば、体を危険にさらす覚悟が必要だ。温かい体が宇宙の絶対温度三度という温度とのあいだで平衡に達しようとすれば凍死するという事実は棚上げしておこう。また、大気圧がなくなれば血球が破裂して窒息するという事実もしばらく忘れよう。これらはふつうの危険にすぎない。エキゾチックな事象のレベルで言えば、銀河間空間では常にきわめて高エネルギーで高速の荷電素粒子が飛び交っている。すなわち、宇宙線と呼ばれるものだ。そのなかで最も高エネルギーの粒子は、世界最大の粒子加速器で生成できるエネルギーの一億倍のエネルギーをもっている。その起源は依然として謎だが、この荷電粒子のほとんどは陽子、すなわち水素原子の核であり、光速の九九・九九九九九九九九九九九九九九九九九九九九パーセントの速度で

運動している。驚いたことに、これらの素粒子は一個でゴルフ場のグリーンのどこからでもボールをカップインさせるのに十分なエネルギーを保持している。

時空の真空内の銀河間で起きる最もエキゾチックな事象は、仮想粒子――生成しては消滅する検出不可能な物質と反物質の粒子対(つい)――からなる沸き立つ海かもしれない。量子物理学から出てきたこの奇妙な予想は「真空エネルギー」と呼ばれている。これは重力とは真逆(まぎゃく)に作用する、ものとものとを反発させる圧力であり、物質がまったく存在しない場で盛んに発生する。ダークエネルギーが具現化された、いわゆる「加速膨張する宇宙」とは、この真空エネルギーのもたらす斥力(せきりょく)によって突き動かされているのかもしれない。

そう、銀河間空間は「事」の起きる場所であり、これからも永遠にそうあり続けるだろう。

5　ダークマター

「行方不明の質量（ミッシングマス）」の問題

自然界の力のうちで最もなじみ深い「重力」は、自然界で起きる現象として最もよく理解されていながら、同時に最も解明が進んでいない。重力の不思議な「遠隔作用」はあらゆる物質がほかにおよぼす根源的な効果から生じること、そしてあらゆる二つの物体が互いに引きつけあう力がシンプルな代数方程式で記述できることは、過去一〇〇〇年間で比肩する者のない知と影響力の持ち主、アイザック・ニュートンの頭脳をもってしてようやく明らかになった。重力の遠隔作用は、じつはもっと正確に記述する余地がある——物質とエネルギーのどんな組み合わせからも必ず生じる、時空の構造のゆがみとしてとらえることで。このことは、過去一〇〇年間で比肩する者のない知と影響力の持ち主、アルベルト・アインシュタインの頭脳をもってしてようやく明らかになった。アインシュタインは、重力を正確に記述するには、ニュートンの理論に若干の修正が必要だ——たとえば巨大な物体のそばを通過する光がどのくらい曲がるか予想する場合がそうだ——ということを証明した。アインシュタインの方程式はニュートンのより大仰なものとなったが、彼の式は、われわれの熟知する物質にうまくあてはまる。われわれが見て、触れて、感じて、においをかいで、ときには味わうことのできる物質については、これでうまくいくのだ。

天才列伝で次に登場するのが誰かはわからないが、われわれは一世紀近くも待ち続けている。宇宙で観測される重力の大部分（およそ八五パーセント）が、重力以外のかたちでは「われわれの」物質やエネルギーと相互作用しない物質から生じるのはなぜか——それを説明してくれる人物が現れないかと。この余分な重力は物質やエネルギーから生じるのではなく、まったく別種の、概念的な性質のものがもたらしているのかもしれない。いずれにしても、われわれにはほとんど手がかりがない。アメリカで活動したスイス人天体物理学者のフリッツ・ツヴィッキーがこの「行方不明の質量（ミッシング・マス）」問題に初めて本格的に取り組んだのは一九三七年だが、そのころと比べてもわれわれは答えにまったく近づいていない。彼は四〇年以上にわたりカリフォルニア工科大学で教鞭をとり、多彩な表現力や同僚を敵に回す稀有な才能をもって得た、宇宙に関する広範な洞察を示した。

なぜ、かみのけ座銀河団はバラバラになってしまわないのか?

ツヴィッキーは、ある巨大な銀河団の内部で個々の銀河が示す運動について調べた。かみのけ座銀河団と呼ばれ、ベレニケのかみのけ座（ベレニケは古代エジプトの女王）を構成する天の川銀河内の恒星のはるかかなたに位置するものである。地球からおよそ三億光年離れたところに、多数の銀河からなる孤立した群れを構成している。一〇〇〇個の銀河が、まるで巣箱に群がるミツバチのように思い思いの方向で銀河団の中心のまわりをめぐっている。銀河団全体を一つにまとめている重力場がどんなものかを知ろうと、ツヴィッキーは数十個の銀河の運動を追跡し、それらの運動の平均速度が驚愕すべき速さであることを発見した。重力が強ければ、引きつけられる物体の運動速度も速くなる。このことから、ツヴィッキーはかみのけ座銀河団がとてつもない質量をもつと推測した。その推測の正否を知るには、見える銀河すべての質量を合計すればよいはずだ。かみのけ座銀河団はサイズも質量も宇宙最大級の銀河団だが、そこにある観測できる銀河を合計しても、ツヴィッキーの測定した観測速度を説明するには足りない。

これはどの程度まずい事態なのだろう。われわれの知る重力の法則はウソだったのだろうか。太陽系内で重力法則が成り立つことは間違いない。ニュートンが示したように、惑星が太陽めざして落下せず、遠ざかりもせず、太陽から一定の距離で安定した軌道を保つのに必要な固有の速度を算出することができる。その計算によると、仮に地球の公転速度を現在の値からルート2（1・4142……）倍以上に上げてしまえば、地球は「脱出速度」に達し、太陽系から完全に脱することになる。同じ推論を、たとえば天の川銀河のように太陽系よりはるかに大きな天体系にあてはめることもできる。天の川銀河では、恒星がほかのすべての恒星から受ける重力に応じて軌道を描いている。各銀河がほかのすべての銀河から重力を受ける銀河団についても、やはり同様に推論できる。このことについてアインシュタインは数式を記したノートの一ページに、アイザック・ニュートンを称える押韻詩（おういんし）をしたためた（原文は響きの非常に美しいドイツ語である）。

星たちを眺め教えを請おう
偉大なる者の思考がいかにしてわれわれに届くのか
どの星もニュートンの計算に従う
ひっそりと軌道を描きながら*

---

* Károly Simonyi, *A Cultural History of Physics*（Boca Raton, FL: CRC Press, 2012）に引用されている。

ツヴィッキーが一九三〇年代にしたのと同じように、われわれもかみのけ座銀河団について調べてみると、どの銀河も銀河団からの脱出速度を上回る速度で動いていることがわかる。ならば、銀河団はすぐさまばらばらに飛び散って、ほんの数億年後にはミツバチの巣箱のような銀河団が存在していた痕跡をわずかに残すだけとなりそうなものだ。ところが実際には、この銀河団は一〇〇億年以上も存続している。約一三八億年という宇宙そのものにも、引けをとらない「年齢」だ。こうして謎が生まれ、天体物理学の抱える最古の謎として今も未解決のまま残っている。

＊

行方不明の質量は見えないだけ——これぞダークマター

ツヴィッキーの研究以降の数十年間に、ほかの銀河団でも同じ問題が確認された。ということは、おまえのふるまいが変なのだとかみのけ座銀河団を非難することはできない。では何を、または誰を非難すればよいのか。ニュートンか？　とんでもない。少なくとも今のところは無理だ。ニュートンの理論は二五〇年にわたって検証されてきて、あらゆるテストをパスしている。では、アインシュタインが悪いのか？　それも違う。確かに銀河団の重力は強大だが、ツヴィッキーが研究を行なった時点で発表後わずか二〇年という、アインシュタインの一般相対論の力がぜひとも必要というほどではない。おそらくは、かみのけ座銀河団の各銀河がばらばらにならないようにつなぎ留めておくのに必要な「ミッシングマス」というものがじつはあって、その形態がわれわれには未知で見えていないのだ。今のところ、この物質の名称は「ダークマター」で落ち着いている。何か欠けているものがあるという事情までうかがい知れないとはいえ、なんらかの新しいタイプの物質が存在し、発見されるのを待っているに違いないというのは伝わってくる名前だ。

天体物理学者が銀河団内のダークマターを謎の物質として受け入れるようになると、問題が再び目に見えない首をもたげた。一九七六年、ワシントン・カーネギー協会（訳注　現カーネギー科学研究所）の天体物理学者である故ヴェラ・ルービンが、渦巻銀河自体の内部でも質量について不可解な事態が発生しているのに気づいた。銀河中心を周回する恒星の速度を調べたルービンは、まずは予想どおりの結果を得た。輝く銀河円盤の内部では、中心から遠い恒星のほうが中心付近を回る恒星よりも高速で運動していたのだ。遠くの恒星のほうが銀河中心とのあいだに多くの物質（恒星とガス）が存在するので、速く回ることができる。しかし、輝く銀河円盤の外側にも、孤立したガス雲やいくつかの明るい恒星が見える。ルービンはこれらの天体を利用して、銀河の大部分を構成する明るい部分の外側の重力場を調査した。そのような場所なら、目に見える物質によって総質量が増えることがないからだ。その結果、銀河中心からの遠さゆえ公転速度は小さいはずなのに、実際にはここでも変わらず高速であることが突き止められた。

銀河の辺境とも言えるこれらのほぼ空っぽの空間に存在する可視物質はあまりに少なく、この異常に大きな軌道速度の観察される理由が説明できない。ルービンはいみじくも、目に見える渦巻銀河の端から遠く離れたこの辺境地域にはなんらかのダークマターが存在するに違いないと推測した。ルービンの研究のおかげで、今ではこの謎の領域は「ダークマターのハロー」と呼ばれている。

このハロー問題だが、じつはわれわれにとっても他人事ではない。天の川銀河でも生じている問題なのだ。さまざまな銀河や銀河団で、可視の天体から算出される質量と、総重力から推定される質量との差は、数倍から（場合によっては）数百倍に達する。宇宙全体では、この差は平均で六倍となっている。つまり、宇宙のダークマターはひっくるめて、可視物質全体のおよそ六倍の重力をおよぼしているということだ。

ブラックホール？　暗黒星雲？――「容疑者」探し

　さらに研究が進められ、ダークマターが低光度や非発光の通常物質でできている可能性はないということが明らかになった。この結論は二つの推論にもとづいている。第一に、われわれにわかっているそれらしい候補は軒並み、警察で容疑者の面通しをするのと同様にして、ほぼ確実に容疑を晴らせるものしかない。ブラックホールがダークマターに潜んでいるということはありえるか？　いや、ありえない。もしそうなら、近くの恒星に対するその重力作用を手がかりに、多数のブラックホールがしょっぴけたはずだ。では、ダークマターは暗黒星雲なのか？　それも違う。暗黒星雲はその向こうにある恒星からの光を吸収するなどなんらかの形で光に作用するはずだが、本物のダークマターはそのような作用を示さない。自ら光を発することなく恒星間（または銀河間）をさまよう惑星や小惑星、彗星なのだろうか？　しかし、宇宙において恒星の質量の六倍もの惑星が生み出されているとは考えにくい。これは、銀河内の恒星一個につき木星が六〇〇〇個、あるいはさらにとんでもないことだが、地球が二〇〇万個も存在するという、べらぼうな話である。実際のところ、われわれの太陽系では、太陽以外のものをひっくるめても太陽の質量の〇・二パーセントにも満たない、というのに。

　ダークマターの奇妙な性質を表すもっと直接的な証拠が、宇宙に存在する水素とヘリウムの比率から得られる。この比率は、初期宇宙の組成を示す名残と言える。おおまかに言うと、ビッグバン直後の数分間に起きた核融合では、水素原子核（要するにただの陽子）一〇個につきヘリウム原子核一個が生じた。計算によれば、ダークマターのほとんどが核融合にかかわっていたならば、現在の宇宙で水素に対するヘリウムの比率は今の数値よりもはるかに高くなっているはずなのである。このことから、ダークマターのほとんど、すなわち宇宙の質量のほとんどが、核融合にかかわらなかったと結論できる。そうだとすれば、ダークマターは「通常」物質とは違うということになる。というのは、われわれの知るような物質を形づくる原子間力や核力に進んで与するのが通常物質の本質だからだ。宇宙マイクロ波背景放射を詳細に観測すると、この結論を別個に検証することができ、その正しさが確認できる。ダークマターが核融合にかかわることはないのだ。

つまり、われわれに推測できる限り、ダークマターは単に光を放たない物質でできているのではない。まったく別の何かなのだ。通常物質と同じ規則に従って重力をおよぼすが、それ以外に検出可能なことはほとんどしない。ダークマターの研究が立ち往生しているのは、言うまでもなく、そもそもダークマターとはどんなものかがわかっていないせいだ。あらゆる質量に重力があるのなら、すべての重力に質量があるのか？　その答えはわからない。問題は物質にあるのではなく、われわれに重力が理解できていないことにあるのかもしれない。

✷

あなたの体重が重いのは、ダークマターのせいではない

ダークマターと通常物質との差は天体物理学的環境によって大きく異なるが、銀河や銀河団といった大きな天体においては、その差が特にはなはだしくなる。衛星や惑星のようにごく小さな天体では、差はないに等しい。たとえば地球の表面重力は、われわれの足の下にあるものだけで説明できる。地球上で体重が重い人は、あいにくだがその体重をダークマターのせいにはできない。月が地球を公転する軌道に対しても、太陽を公転する惑星の運動に対しても、ダークマターが影響をおよぼすことはない。しかしすでに見たとおり、銀河中心のまわりを回る恒星の運動については、ダークマターを持ち出さないと説明できない。

銀河規模では、知られているのとは違うタイプの重力物理学が作用するのだろうか。おそらくそんなことはない。むしろ、ダークマターを構成する物質はわれわれにとって未知の性質をもち、通常物質よりも拡散した状態にある、というほうがありそうな話だ。さもなければ、ダークマターの彗星、ダークマターの惑星、ダークマターの銀河といった高密度の天体が宇宙のあちこちにあって重力をおよぼしているのが検出されるはずだ。われわれの知る限り、実際の宇宙はそうなっていない。

われわれにわかっているのは、われわれにとって大事な宇宙の物質、すなわち恒星や惑星や生命を形づくる物質が、宇宙のケーキを飾る軽い砂糖衣にすぎないということだ。あるいは、一見「無」のように見える何かからなる広大な宇宙の海に浮かぶ、小さなブイのようなものと言ってもよい。

✷

ダークマターなくして銀河なし

ビッグバン後の五〇万年間に、すなわち約一三八億年という宇宙の歴史からすればほんの一瞬にすぎない時間のあいだに、宇宙の物質は凝集(ぎょうしゅう)して塊(かたまり)になりはじめていた。これがもとで、のちに銀河団や超銀河団ができていく。しかし次の五〇万年で宇宙の大きさは二倍となり、その後も成長を続けた。宇宙では、二つの対立する作用がせめぎあっていた。重力が物質を凝集させようとするのに対し、物質を希薄にしたがる膨張作用もあったのだ。計算してみれば、通常物質のもたらす重力がこの戦いに独力では勝てなかったとすぐにわかる。ダークマターの助けが必要だったのだ。ダークマターがなければ、われわれは有形物の存在しない宇宙で生きることになっただろう。いや、実際にはそんな場所ではそもそも生きることさえできない。銀河団も、銀河も、恒星も、惑星も、人間も存在しえないのだ。

ダークマターによる重力はどのくらい必要だったのか？　通常物質のもたらす重力の六倍である。宇宙で測定されるのとちょうど同じということになる。この分析からは、ダークマターがどんなものかはわからない。わかるのはただ、ダークマターの作用が現実に存在し、どうがんばってもその作用が通常物質によるものとは言えないということだけだ。

✷

その正体は、別次元からの力の作用か？

つまり、ダークマターはわれわれにとって味方でもあり敵でもある。ダークマターとは何なのか、われわれにはさっぱりわからない。悩みの種（たね）には違いない。しかし宇宙を正確に記述するための計算をするには、ダークマターが絶対に必要だ。きちんと理解できていない概念にもとづいて計算するしかないとなれば、科学者は不安を覚えながらも、必要とあらばあえてそうするのが常だ。そんな荒っぽいやり方で挑む相手はダークマターが初めて、というわけでもない。たとえば太陽のエネルギー源が熱核融合だと知られるよりずっと前の一九世紀、科学者は太陽のエネルギー出力を測定して、地球の季節と天候に対する影響を明らかにした。そのころ最良と見なされた説のなかには、太陽が石炭の塊を燃やしているというような、今から考えれば笑止千万(しょうしせんばん)なものもあった。これもまた一九世紀の話だが、科学者が恒星を観測し、そのスペクトルを取得して分類した。このスペクトルがどんな仕組みでなぜ生じるのかを教えてくれる量子物理学が誕生したのは、ずっとあとの二〇世紀になってからだった。

断固たる懐疑論者なら、現在のダークマターについて、一九世紀に提案されて今では否定されている「エーテル」という架空の物質の二の舞いだと言うかもしれない。エーテルとは、光が進む真空空間を満たしていると考えられた、質量をもたず透明な媒体である。一八八七年にクリーヴランドでケース・ウェスタン・リザーヴ大学のアルバート・マイケルソンとエドワード・モーリーが有名な実験を行なってその存在を否定するまで、エーテルの存在を支持する証拠などまったくなかったにもかかわらず、科学者たちはエーテルが存在しないはずがないと言い張っていた。音が音波を伝えるのに空気などの物質を必要とするのと同じで、光も波動なのだから、そのエネルギーを伝えるには媒体が必要だという考えだ。しかし光はエネルギーを伝える媒体がなくても、真空空間をやすやすと進むことが判明した。音波が空気の振動からなるのとは違って、光波はエネルギーを自ら運ぶので、助けがまったく要らないのだ。

ダークマターに関する知識の欠如は、エーテルに関する知識の欠如とは根本的に異なる。エーテルは理解しきれない事象を説明するために考え出された仮想の物質だが、ダークマターの存在はただの仮定によるものではなく、可視物質に対する重力作用の観測から導き出されているのだ。ダークマターは無からでっち上げられたのではなく、観測された事実からその存在が推定されている。太陽以外の恒星を公転する太陽系外惑星の多くは、主星に対する重力作用によってのみ発見され、光の直接観測では検出できない。ダークマターはこれらの惑星となんら変わらない、現実的な存在なのだ。

ダークマターが物質ではない何かでできているということが確認されたら、それは起こりうる最悪の事態だ。この場合、われわれは別次元からもたらされる力の作用を観察していることになるのか。通常物質による通常の重力を、この宇宙の隣にある別の宇宙の膜を隔てて感じているのだろうか。そうだとしたら、われわれのいる宇宙は多宇宙を構成する無限個の宇宙の一つにすぎないということになる。奇妙で信じがたい話だ。しかし、地球が太陽のまわりを回っているという考えも、最初に出てきたときにはこれと同じくらい荒唐無稽に感じられたのではないだろうか。太陽が天の川銀河に属する一〇〇〇億個の恒星の一つだという見方や、天の川銀河が宇宙に存在する一〇〇〇億個の銀河の一つにすぎないという見方はどうだったか。

こうした突飛な説のいずれかが正しいと結論されることがあっても、われわれが宇宙の形成と進化を理解するために用いる方程式において、ダークマターの重力を考慮に入れればうまくいくということに変わりはないだろう。

あるいは同じく強硬な懐疑派でも、「実物を見るまではわからない」と言い張る者がいるかもしれない。この姿勢はさまざまな場面において有効で、機械整備などはまさにそのとおりだし、釣果や交際相手についての自慢話もこれで決着がつく。これならおそらく、ミズーリ州民でも首を縦に振るだろう（訳注　ミズーリ州は「疑い深い州（Show Me State）」の別称をもつ）。しかし、まともな科学というのはそんなものではない。科学では単に「見る」だけでなく「測定する」ことが大事であり、それもなるべくならば人間の眼ではないものを使うのが望ましい。人間の眼は脳という装備と分かちがたく結びついているからだ。この装備には多くの場合、先入観や後知恵、あからさまなバイアスが組み込まれている。

✷

「容疑者」を確保するために、われわれにできること

ダークマターは、地上からの直接検出の試みを四分の三世紀にわたって退け続け、今もなお検出に挑む者を翻弄している。素粒子物理学者は、ダークマターが謎めいた未発見の粒子でできていて、その粒子は重力を通じて物質に作用するが、それ以外の方法では物質や光に対する作用はごくわずかか皆無なのだと確信している。物理学の賭けに勝ちたい人には、この説がお勧めだ。世界最大級の粒子加速器は、粒子衝突で生じる残骸の中でダークマター粒子をつくり出すことを目指している。地下の奥深くに建設された特別設計の実験室では、宇宙からダークマター粒子が飛来してくるのに備えて検出する、待ちの態勢が整えられている。当然ながら、地下に設置されているのは遮蔽作用のためである。まぎらわしい既知の粒子が宇宙からやって来た場合に検出器がそれをダークマターだと誤認しないよう、施設を保護しているのだ。

すべてが結局のところ空騒ぎで終わるかもしれないが、ダークマターはとらえがたい粒子だという考えにはすぐれた先例がある。たとえばニュートリノは通常物質とはごくわずかしか相互作用しないにもかかわらず、その存在が予想され、最終的に確認された。太陽から大量のニュートリノがあふれ出て——太陽コアの熱核融合により水素核が融合すると、

ヘリウム核一個につきニュートリノ二個ができる——振り返りもせずにさっさと太陽から脱し、光速に近いスピードで宇宙の真空を進み、あたかも何もなかったかのごとく地球を通過する。昼も夜も、われわれの体表一平方センチメートルあたり毎秒数百億個ほどが通過していくが、体を構成する原子には相互作用の痕跡をまったく残さない。このようにとらえどころがないのだが、特殊な環境では捕捉することが可能だ。粒子を捕捉することができれば、検出できたことになる。

ダークマター粒子も、同様にまれな相互作用によって自らの存在を示すかもしれない。あるいはもっと驚くべきことに、強い核力でも弱い核力でも電磁力でもない、別の力によって姿を現すかもしれない。この三つの力に重力を加えると、宇宙において既知のあらゆる粒子間のあらゆる相互作用を媒介する四つのすばらしい力が出そろったことになる。だとすれば、選択肢は明白だ。ダークマター粒子は、われわれがまだ知らない力によって相互作用しているか、そうでなければ通常の力によって相互作用しているがその作用がとんでもなく弱いかのどちらかだ。

つまり、ダークマターの作用は実際に存在する。ただ、ダークマターとはどんなものかがわからないだけだ。ダークマターの相互作用は強い核力によるものではないようなので、ダークマターが原子核を生成することはありえない。とらえがたいニュートリノは弱い核力によって相互作用するが、ダークマターが同じことを行なっていたという報告もない。電磁力によって相互作用することもなさそうなので、分子を形成して高密度の塊へと凝集することもない。光を吸収せず、放射せず、反射せず、散乱もしない。ダークマターが実際に重力をもたらし、通常物質がこれに反応するのは、当初からわかっていたことだ。しかし、それだけ。われわれは何年も費やしてきたが、ダークマターがそれ以外のふるまいをしているところは発見できていない。

当面、われわれは姿の見えない奇妙な友人としてダークマターを受け止め、宇宙について説明するのに必要とあれば持ち出すことで満足するしかない。

6 ダークエネルギー

とんでもない予言者、アインシュタイン

まるで悩みの種(たね)を増やそうとするかのごとく、ここ数十年のあいだに宇宙が謎の圧力をもたらすことが発見された。その圧力は宇宙の真空から生じ、宇宙の重力とは真逆(まぎやく)に作用する。それだけでなく、この「負の重力」は宇宙の膨張を時間とともに倍々ゲームの恐ろしいペースで加速させていくので、最終的に宇宙の「綱引き」に勝利すると思われる。

二〇世紀の物理学において、われわれに頭をひねらせる最たる思いつきの数々を生み出した張本人は誰かといえば、アインシュタインをおいてほかにない。

アルベルト・アインシュタインは、実験室にはほとんど足を踏み入れなかった。現象についての実験をせず、高度な実験器具も使わなかった。彼は理論家であり、頭で考えた状況

やモデルを使って物理法則のもたらす結果を解明するという方法で、想像によって万物とかかわる「思考実験」を完成させたのだ。第二次世界大戦前のドイツでは、ほとんどのアーリア人科学者は実験物理学のほうが理論物理学よりもはるかに格上だと思っていた。ユダヤ人物理学者はみな格下とされる理論家の掃きだめに追いやられ、自力でなんとかするしかなかった。この状況がどんな結果に至ったかは周知のとおりだ。

アインシュタインが典型であった、研究の進め方はこうだ。物理学者が宇宙全体を表すモデルをつくったなら、モデルを操作することは宇宙そのものを操作するのに等しい。それを受けて、観測者や実験者がモデルで予想される現象を探しに行くことができる。モデルに欠陥がある場合や、理論家が計算を誤った場合には観測者によって、モデルによる予想と現実の宇宙で起きている現象との齟齬が明らかになる。これを受けて理論家は机に立ち返り、前のモデルを修正するか、または新たなモデルを作成する。

今までに考案されたなかで最も強固で広範囲を網羅する理論モデルの一つは、本書でもすでに紹介したアインシュタインの一般相対論（GR）である。しかしこれを気安くGRと呼ぶ前に、よくよく理解しておきたい。GRは一九一六年に発表され、重力の影響下で宇宙の万物が示すふるまいについての重要な数学的詳細を述べている。数年ごとに実験科学者はこの理論を検証するためにさらに高精度の実験を考案しており、その結果としてこの理論の正確さがいっそう広範囲で確かめられている。アインシュタインがわれわれに与えてくれた、世界に関する驚くべき知見の例として新しいところでは、二〇一六年に重力波の観測を目的として特別に設計された観測所で重力波が検出された。*アインシュタインが予言した重力波とは、時空の構造を光速で伝わるさざ波であり、二個のブラックホールの衝突などによって重力に著しいゆがみが生じたときに発生する。

まさにそれが観測された。初めて検出された重力波は、地球が単純な単細胞生物でいっぱいだったころに、地球から一三億光年離れた銀河でブラックホールどうしが衝突したことによって生じたものだった。さざ波が宇宙の全方位へと伝わるあいだに、地球は八億年後に複雑な生命を進化させた。そのなかには、花や恐竜や空を飛ぶ生き物、それに脊椎動物の哺乳類がいた。哺乳類のうちのある一群は前頭葉を進化させ、複雑な思考を行なうようにもなった。これが霊長類だ。霊長類から枝分かれした一群に生じた遺伝的変異が、彼らに言葉を用いることを可能にさせた。この「ホモ・サピエンス」と呼ばれる一群は、農耕や文明、哲学、芸術、科学を発明するに至った。過去一万年のできごとである。やがて二〇世紀の科学者の一人が頭の中で相対論を構築し、重力波の存在を予言した。それから一〇〇年後、重力波を観測できる技術がようやく予言に追いつき、その直後に一三億年の長旅を続けてきた重力波が地球に到達して検出されたのだった。

ね、アインシュタインって、とんでもない人でしょう？

＊

宇宙は膨らんだりしぼんだりしないという「常識」

たいていの科学モデルは、提案当初は未完成で、既知の宇宙にもっと適合するようパラメーターを調整する余地が残っている。一六世紀の数学者ニコラウス・コペルニクスが考えた、太陽を基準とする「太陽中心」の宇宙では、惑星の軌道は真円を描いていた。惑星が太陽のまわりを公転するという点は正しかったし、地球を基準とする「地球中心」の宇宙観からは大きく進歩していたが、軌道が真円を描くというところで、ちょっとだけハズしていた。実際には、どの惑星も円をつぶした「楕円」の軌道で太陽を公転する。そしてその楕円という形状も、じつはもっと複雑な軌道の近似にすぎない。ともあれコペルニクスの基本的な考えは正しく、肝心なのはそこだった。精度を上げるために、いくらか手を

＊レーザー干渉計型重力波観測所（ＬＩＧＯ）のこと。ワシントン州ハンフォードとルイジアナ州リヴィングストンにまったく同じ設計の施設が建設されている。

加えればよかったのだ。

しかしアインシュタインの相対論の場合は、理論全体を支える原理を成り立たせるためには、あらゆる部分がまさに予想どおりにふるまう必要がある。実際、アインシュタインの構築した理論は、構造全体がわずか二つか三つの単純な仮定で支えられていて、外から見るとまるでトランプの家のようだった。一九三一年に出版された『一〇〇人の著者、アインシュタインに異を唱える』*という本のことを耳にしたアインシュタインは、自分が間違っているなら異を唱える著者は一人で十分ではないか、と言ったという。

じつは、科学史上でも指折りの興味深い誤りの種がここにまかれていることになる。アインシュタインが改良を加えた重力方程式には、ギリシャ文字ラムダの大文字「Λ」で表される「宇宙定数」なる項が加えられていた。数学的にフィットする付加的な項である宇宙定数をアインシュタインが加えたのは、静的な宇宙を表す方程式を作るためだった。

当時、「われわれの宇宙がただ存在する以外の何かをしている」というのは、誰も想像すらしたことのない話だった。だから当時このラムダに期待されたのはただ、アインシュタインのモデルにおいて重力に対抗して宇宙の均衡を保ち、宇宙全体が重力に引き寄せられて一つの巨大な塊になるという、さもなくば当然の成り行きに抗うことのほかにはなかった。こうしてアインシュタインは、当時のあらゆる人にとって当たり前の、膨張も収縮もしない宇宙をつくり上げたのだった。
その後、ロシア人物理学者のアレクサンドル・フリードマンが、アインシュタインの宇宙が均衡を保ってはいるが不安定な状態にあることを数学的に示した。山の頂上にボールが置かれていて、わずかなきっかけでいずれかの方向へ転がり落ちるのを待っているように、あるいはとがった芯の側を下にして立ちバランスを保っている鉛筆のように、アインシュタインの宇宙は膨張状態と完全な収縮崩壊とのあいだで危うげに持ちこたえていた。何よりも、アインシュタインの理論は新しかった。名前をつけさえすればそのものが現実の存在になるはずもないわけで、アインシュタインも、自然界の負の重力と想定したラムダに該当する既知のものなど現実の宇宙にはないと、よく知っていたのである。

✷

アインシュタインも木から落ちる？——膨張する宇宙の発見

＊H. Israel, E. Ruckhaber, R. Weinmann, et al., *Hundert Autoren Gegen Einstein* (Leipzig: R. Voigtländers Verlag, 1931).

アインシュタインの一般相対論には、重力に関するそれまでのあらゆる見方とは革命的な違いがあった。サー・アイザック・ニュートンは重力を幽霊のような遠隔作用だと見なした（ニュートン自身、この結論には満足していなかった）が、GRはこの見方をとらず、重力とはある質量の、それとは別の質量／エネルギー場によって生じる時空の局所的ゆがみに対する応答にほかならないと見なす。つまり、一定質量の集中することが時空の構造にゆがみ（正確にはさざ波）を引き起こす結果だというのだ。このゆがみに誘導されて、運動する質量は測地線に沿って直進する。* ただしわれわれには、それが軌道と呼ばれる湾曲した道筋のように見える。二〇世紀のアメリカ人理論物理学者のジョン・アーチボルト・ホイーラーは、アインシュタインの考え方を誰よりも巧みに要約して、こう述べている。

「物質は空間にゆがみ方を指示する。空間は物質に動き方を指示する」**

その後明らかになってきたのは、一般相対論には二つの異なる重力が記述されていた、ということだった。一つは空中に投げたボールと地球のあいだや太陽と惑星のあいだで互いを引きつけあう力のように、おなじみのタイプの重力である。だが同時に、そうした従来の重力とは真逆（まぎゃく）の、時空の真空そのものと関係する、斥力（せきりょく）としての謎めいた重力の存在を予言するものでもあったのだ。ラムダとは、アインシュタインや彼と同時代のあらゆる物理学者が強く確信していたものを守るために導入されたものだった。それはすなわち静的な宇宙が現状のまま続くという考えだったが、じつのところその静的宇宙とは不安定な宇宙だった。物理的な系の自然状態として不安定な状態を持ち出すのは、科学の教義に反する。宇宙全体がたまたま永久にバランスを保ち続けられる特例なのだと主張することはできない。科学の歴史においてこれまでに観察されたものや測定されたもの、想像されたもののうちで、このようなふるまいを示したものはない。これは抗いがたい先例である。

一般相対論の発表から一三年後の一九二九年、アメリカ人天体物理学者のエドウィン・P・ハッブルが、宇宙が静的ではないことを発見した。彼は、遠い銀河ほど速く天の川銀河から遠ざかっていくことを示す確固たる証拠に気づき、それを集めていた。つまり、宇宙は膨張しているということだ。自然界の既知の力に対応しない宇宙定数を持ち出したことや、膨張宇宙を自分で予想できたはずなのにその機会を逸したことに恥じ入ったアインシュタインはラムダを撤回して、それを生涯で「最大の失敗」と呼んだという。このとき

＊「測地線」とは無駄におおげさな言葉だが、曲面上の二点を結ぶ最短距離を表す。ここでは、時空のゆがんだ四次元的構造における二点間の最短距離という拡張した意味で使っている。

＊＊私は大学院でジョン・ホイーラーの一般相対論の講義を受けたのだが（そこで今の妻と出会った）、彼はこの言葉をしょっちゅう口にしていた。

アインシュタインは方程式からラムダを取り除くことで、ラムダの値がゼロだと決めたことになる。たとえば$A=B+C$である場合、$A=10$で$B=10$のときにこの等式が成り立つならば$C=0$であり、この式でCが不要になるが、それと同じことだ。

宇宙定数とアインシュタインの名誉回復

ところが、これですべてが決着したわけではなかった。数十年にわたってときおり理論家がラムダをどこからか引っ張り出しては、宇宙定数をもつ宇宙では自分の考えがどんな姿をとるのかと想像をめぐらせた。六九年後の一九九八年、科学はまたしてもラムダを掘り起こしたが、今回は再度葬られずにすむことになる。この年の初め、競いあっていた二つの天体物理学研究チームが注目すべき発表をした。チームの一つはカリフォルニア州バークレーにあるローレンス・バークレー国立研究所のソール・パールムッターがリーダーを務め、もう一つはオーストラリア・キャンベラのマウント・ストロムロ天文台およびサイディング・スプリング天文台に所属するブライアン・シュミットと、メリーランド州ボルティモアにあるジョンズ・ホプキンズ大学のアダム・リースが共同責任者を務めるチーム。それまでに観測されたなかでとりわけ遠方にある数十個の超新星は、この種の爆発する星について蓄積された記録から想定されるよりも、明らかにずいぶん暗く見えた。この食い違いは、遠くの超新星がもっと近くにある超新星とは異なるふるまいをするか、または有力な宇宙モデルで想定される位置より一五パーセントも遠く離れているか、そのどちらかでなければ説明がつかない。この加速を「無理なく」説明できる既知の事柄といえば、アインシュタインのラムダ、すなわち例の宇宙定数しかない。天体物理学者が宇宙定数に積もったほこりを払い、アインシュタインが最初に発表した一般相対論の方程式に再び付け加えてみると、観測された宇宙の状態はアインシュタインの方程式が告げるものと合致した。

✷

宇宙を膨らませる斥力、ラムダがダークエネルギーだった!?

パールムッターとシュミットが研究で使った超新星は、核融合によって生まれる大質量の原子核を大量に有するが、その価値も質量に見合った多大なものだ。一定の差の範囲内でではあるが、この種の超新星はどれも同じように爆発し、同じ量の「燃料」を燃やし、同じ時間で同じく大量のエネルギーを放出することによって、同じ最大光度に達する。宇宙のはるかかなたで爆発するこうした星はそのおかげで、この星を有する銀河までの膨大な距離を計算する際の尺度となる、「標準光源」として利用できるのだ。

標準光源を使えば、計算が大幅に単純化できる。超新星自体はすべて同じ明るさなので、暗く見えるものは遠くにあり、明るく見えるものは近くにあると言える。明るさを測定すれば（これは単純な作業だ）、地球からの距離や超新星間の距離が正確にわかる。仮に超新星の光度が一つひとつ違っていたら、明るさだけからほかの超新星との相対的距離を特定することはできない。暗く見えても、明るい超新星が遠くにあるのか、それとも暗い超新星が近くにあるのか、どちらもありえるからだ。

いや、まったく結構。しかし、銀河までの距離を測る方法はほかにもある。われわれのいる天の川銀河からよその銀河の遠ざかる速度を調べるのだ。銀河の後退は、宇宙膨張全体の要諦（ようてい）と言える。ハッブルがいち早く示したとおり、膨張宇宙では遠くの天体は近くの天体よりも高速で遠ざかる。そこで、ある銀河の遠ざかる速度を調べれば（これも単純な作業だ）、その銀河までの距離が推定できる。

以上の十分に検証された二つの方法を使った場合に、同じ対象について異なる距離が得られたなら、どこかに問題があるに違いない。超新星が標準光源として不適切なのか、銀河の運動速度から測定した宇宙の膨張速度に関するモデルが間違っているか、そのいずれかだ。

さて、今回は確かに問題があった。超新星はすばらしい標準光源で、多くの懐疑的な研究者の厳しい精査に耐えてきた。となれば天体物理学者としては、宇宙が予想よりも急速に膨張しているのであって、銀河がその後退速度から判断される位置より遠くにあると考えるほかない。この急速な膨張を説明するには、アインシュタインの宇宙定数ラムダを持ち出す以外に容易な方法はなかった。

宇宙には重力とは逆に作用する斥力が充満していることを示す、初めての直接的な証拠が得られた。それによって、宇宙定数が死の眠りからよみがえった。にわかにラムダは命名の必要な物理的現実となり、この「ダークエネルギー」が宇宙のドラマの主役に躍り出た。「ダークエネルギー」とは、その謎めいた性質と、それが何からもたらされるのかわからないことをうまくとらえた命名と言える。パールムッター、シュミット、リースの三人がこの発見によって二〇一一年にノーベル賞を受賞したのだが、それも当然と言えよう。

今までで最も正確な測定によれば、ダークエネルギーは宇宙に存在する質量エネルギーのうちで最も大量に存在し、現在では全体の六八パーセントを占めている。ダークマターは二七パーセントで、通常物質に至ってはわずか五パーセントにすぎない。

✷

ダークエネルギーは宇宙の運命さえ決めるキーパーソン

四次元宇宙の形状は、宇宙に存在する物質およびエネルギーの量と宇宙の膨張速度との関係によって決まる。これを表す簡便な数学的尺度がΩ（オメガ）である。ラムダ同様、ギリシャ文字の大文字であるこの記号も、宇宙の運命と密接なかかわりをもっている。

宇宙の物質とエネルギーの密度を、宇宙の膨張をぎりぎりで止めるのに必要な物質とエネルギーの密度（「臨界」密度と呼ばれる）で割れば、オメガが得られる。

質量とエネルギーはどちらも時空をゆがませる（湾曲させる）ので、オメガから宇宙の形状がわかる。オメガが一未満なら、実際の質量とエネルギーは臨界値に達しておらず、宇宙は絶えず全方向へ膨張を続ける。形は馬の鞍（くら）のようになる。二本の平行線が延びるにしたがって間隔の離れていく世界だ。オメガが一ならば、宇宙はほんのわずかずつ、永久に膨張を続ける。この場合、宇宙の形状は平坦で、平行線について高校で教わる幾何学の法則はすべて守られる。オメガが一より大きければ、それは平行線が交わる世界だ。宇宙は反（そ）り返って自らと重なり、最終的に収縮に転じ、崩壊して自らを生み出したのと同じ火の玉となる。

宇宙が膨張しているということをハッブルが発見して以来、一に近いオメガを確実に測定できた観測チームは一つもない。望遠鏡で観測できる質量とエネルギーをすべて足して、さらにデータの制約の先までダークマターも含めて推測してみても、最良の観測にもとづくオメガの最大値は〇・三付近だった。観測者の見る限り、宇宙は「開かれて」いて、膨張のみを運命づけられた鞍にまたがって未来へと進んでいるように思われた。

一方、マサチューセッツ工科大学のアメリカ人物理学者のアラン・H・グースらは、一九七九年からビッグバン理論の修正を推し進め、われわれの知るような、物質とエネルギーが平坦に広がる状態の宇宙をもたらす理論を考えるときに必ず生じる、厄介な問題を解決した（訳注　日本の佐藤勝彦もグースとほぼ同時期、独立に提唱）。このようにビッグバンを修正したことに伴って、オメガが一に近づくという重大な副産物が得られた。〇・五ではなく、二でもなく、一〇〇万でもなく、一に近づいたのだ。

この修正の必然性に疑念を抱く理論家はほとんどいなかった。ビッグバンによって既知の宇宙の大域的な性質を説明する助けとなったからである。しかし、別の小さな問題があった。この修正から、観測で検出できる量の三倍にあたる質量エネルギーが予想されたのだ。理論家たちは臆することなく、観測が不十分なだけだと言った。

計算してみると、可視物質は臨界密度のわずか五パーセントしか占めていなかった。謎のダークマターはどうか。ダークマターも計算に加えられた。ダークマターとは何なのかわかっていなかったし、それは今でも同じだが、総量に加担しているのは確かだった。計算すると、ダークマターが可視物質の五、六倍ほどを占めることがわかる。それでもまだ足りない。途方に暮れた観測者に、理論家はこう告げた。「ちゃんと観測しろ」

どちらの陣営も、相手側が間違っていると確信していた――ダークエネルギーが発見されるまでは。通常物質、通常のエネルギー、ダークマターにダークエネルギーを加えると、宇宙の質量・エネルギー密度が臨界値まで上昇した。これで、観測者と理論家のどちらも満足した。

このとき初めて、理論家と観測者が対立を解いて和解した。どちらもそれなりに正しかった。理論家が主張したとおり、宇宙のオメガは一なのだ――理論家が単純に想定したようにすべての物質（ダークマターもそれ以外も全部）を合計するだけでは、その結論には至れなかったにせよ。観測者が推定していたよりも多くの物質が現在の宇宙を駆けめぐっているわけでもなかった。

宇宙でダークエネルギーが優勢を占めていることなど誰にも予見できなかったし、不足を解消する大きな要因であると想像した人もいなかったわけである。

✷

量子効果で沸き立つ真空が、宇宙を押し広げている

では、ダークエネルギーとはいったい何なのか。それは誰にもわからない。量子効果だとするのが、今までのところ最有力の答えだ。すなわち、宇宙の真空というのがじつは空虚ではなく、粒子とそれに対応する反粒子で沸き立っているとする見方である。こうした粒子は生成しては対になって消滅し、あっというまに姿を消すので測定することができない。そのはかなさは「仮想粒子」という名称で表現されている。微小なものを研究する学問である量子物理学の築いたこのすばらしい成果を踏まえれば、われわれはダークエネルギーを量子効果だとする考えを真剣に受け止めるしかない。仮想粒子対が、宇宙に顔を出すごく短い時間にわずかな外向きの圧力をもたらしているのだと。

仮想粒子のつかのまの活動が生む「真空圧」という斥力の大きさを推定すると、残念ながらその結果は実験で特定された宇宙定数の値より一〇の一二〇乗倍以上大きくなる。これはばかばかしいほど大きな違いであり、科学史において理論と観察のあいだにこれほど大きな乖離が生じた例はほかにない。

こんなわけで、われわれには手がかりがない。しかし、絶望するにはおよばない。ダークエネルギーは、理論でつなぎ留められることなく漂っているわけではない。望みうるな

かで最も安全な港に宿っているのだ。その港とは、アインシュタインの一般相対論方程式である。すなわち宇宙定数であり、ラムダである。ダークエネルギーが実際にどんなものであろうとも、それを測定する方法はすでにわかっているし、宇宙の過去、現在、未来にそれが与える影響の算出方法もわかっている。

アインシュタインの最大の失敗とは、ラムダが自身の最大の失敗だと言ってしまったことだ。それは間違いない。

✷

ダークエネルギーは、天体物理学者の悪夢の源？

探索は続いている。ダークエネルギーが実在するとわかった今、天体物理学者のチームは、地上や宇宙空間に設けた望遠鏡を使って天体の距離や宇宙全体の膨張を測定するという、大がかりな計画に乗り出している。こうした観測によって、宇宙の膨張の歴史に対するダークエネルギーの影響が詳細に検証され、間違いなく理論家は忙しく働き続けることになるだろう。ダークエネルギーに関する計算が大はずれだったことについては、彼らには大いに埋め合わせをしてもらわねばならない。

われわれにはGRに代わるものが必要なのだろうか。GRと量子力学との結びつきを見直すことが必要だろうか。あるいはまだ生まれぬ賢人によって発見されるのを待っている、ダークエネルギーに関するなんらかの理論があるのだろうか。

ラムダと加速膨張する宇宙の特筆すべき性質は、斥力を物質的なものがもたらすのではなく真空がもたらしている、ということである。真空が成長すると、宇宙に存在する物質と（ふつうの）エネルギーの密度が下がり、宇宙の状態に対するラムダの影響が相対的に増大する。斥力が強くなれば真空が大きくなり、真空が大きくなれば斥力が強くなる。こうして、宇宙の膨張は果てしなく指数関数的に加速していく。

この結果、天の川銀河の近くに重力でつなぎ留められていないものはすべて、時空の構造の加速膨張のなかで絶えず加速しながら遠ざかっていく。現時点では夜空に見える遠い銀河も、光を上回る速度でわれわれから遠ざかり、やがて到達不可能な地平の向こうへと消えていくだろう。このようなことが起きるのは、銀河が超高速で宇宙を移動しているからではなく、宇宙の構造自体が銀河を超高速で動かしているからだ。これはいかなる物理法則によっても妨（さまた）げられない。

今から一兆年ほど経ったころには、われわれの銀河で暮らす者がほかの銀河について何も知らないという状況になるかもしれない。観測可能な宇宙は、天の川銀河内で長く存続してきた近傍の恒星からなる集団だけとなるだろう。星の輝く夜空の向こうには無限の虚空が広がり、闇の先にあるのは深淵だけだ。

宇宙の基本的な要素であるダークエネルギーのせいで、やがて未来の世代は自分たちの宇宙を理解することができなくなるだろう。今のうちに銀河中の天体物理学者がきちんと記録を残して、一兆年後に開けられるようにしっかりしたタイムカプセルをどこかに埋めておかない限り、後世の科学者たちは銀河（われわれの宇宙において物質は主にこの形状へとまとめ上げられる）について何もわからず、そのためわれわれの宇宙という壮大なドラマのページを読むこともできなくなってしまう。

私はたびたびこんなことを考えて、不安に駆られる――かつて存在した宇宙の基本的な部分が、われわれの手元からも失われてはいないか。宇宙の歴史書のどの部分が「閲覧不可」となっているのか。われわれの理論や方程式に含まれているべきなのに置き去りにされている部分があるのではないだろうか。われわれはそれを知らずにやみくもに答えを手探りしているのではないのか。そうだとしたら、その部分とはどんなものなのだろう。

7　周期表の宇宙

元素周期表は、人間の知的冒険物語の宝庫である

ささいな問いでも、答えるには宇宙に関する深遠で広範な知識が必要な場合がある。中学校の化学の授業中、私は先生に「周期表の元素はどこで生まれたのですか」と質問した。すると「地球の地殻だ」という答えが返ってきた。間違ってはいない。確かに実験室で使う材料は地殻から採取したものだ。しかし、そもそも地殻に含まれる元素はどこから来たのか。答えは天文学に関係しているに違いない。しかしこの場合、答えるのに宇宙の起源や進化を知っている必要が本当にあるのだろうか。

そう、必要だ。

天然に存在する元素のうち、ビッグバンで形成されたのは三種類だけだ。そのほかは、

死にゆく恒星の高温の中心部か、それが爆発したあとの残骸の中でつくられた。これによって、あとの世代の恒星系がこの多様な元素を取り入れて惑星を形成し、地球では人間を生み出すこともできた。

多くの人にとって、元素周期表は記憶の片隅に埋もれた変てこアイテムである。謎めいた暗号のような文字が枠に書き込まれた表を最後に目にしたのは、高校の化学室の壁に貼ってあるのを見たときではなかろうか。宇宙に存在するあらゆる既知の、そして未発見の元素の化学的ふるまいに関する体系的原理である周期表は、むしろ文化の象徴として扱われるべきだ。実験室、粒子加速器、そして宇宙のフロンティアで展開される、国境を越えた人間の冒険とも言うべき科学の取り組みを物語るものと見なすべきではないだろうか。

ところがしばしば科学者さえ、周期表を見ると、絵本作家ドクター・スースの描くユニークな動物たちを集めた動物園のように思えてくるのを止められない。だってそうとでも考えなければ、ナトリウムがバターナイフで切れる有毒な高反応性金属であり、純粋な塩素が悪臭を放つ致死性のガスであるのに、二つを合わせると塩化ナトリウム、すなわち「食塩」と呼ばれる生体に不可欠で無害な化合物になるとは、にわかに信じがたいではないか。水素と酸素についてはどうだろう。一方は爆発性の、もう一方は激しい燃焼を促進する気体なのに、二つが結合すると液体の水となって、逆に火を消すことができる。

こうした化学の話には、宇宙において重要な元素が顔を出す。というわけで、天体物理学者の目から見た周期表についてお話ししよう。

✷

原子の九割はぼくの仲間——水素

原子核に陽子を一つだけもつ、最も軽く単純な元素である水素はすべて、ビッグバンのさなかに生まれた。天然に存在する九四種類の元素のうち、水素は人体内の原子全体の三分の二以上を占め、宇宙全体から太陽系レベルに至るあらゆるスケールにおいて、原子全体の九〇パーセント以上を占める。巨大惑星である木星のコアでは、水素は非常に強い圧力を受けるので、気体ではなく伝導性金属のようにふるまい、全惑星のうちで最も強い磁場を生み出す。イングランドの化学者ヘンリー・キャヴェンディッシュが、一七六六年に水を使った実験をしていたときに水素を発見した（英語で水素を意味する「ハイドロジェン」はギリシャ語の *hydro*〔水〕と *genes*〔源〕に由来する）。ただし天体物理学者のあいだでは、彼はニュートンのあの有名な重力方程式で使われる重力定数の正確な値を測定し、地球の質量を最初に算出したことで最もよく知られている。

一五〇〇万度に達する太陽のコアでは、高速で運動する水素原子核が毎秒四五億トンずつ、互いに衝突してヘリウムとなり、そこからエネルギーが生み出されている。

✷

ビッグバン宇宙論の立役者――ヘリウム

ヘリウムは簡単に入手できる低密度のガスで、吸い込むと気管と喉頭（こうとう）の振動周波数が一時的に上がり、ミッキーマウスのような声になることでおなじみだ。宇宙で二番めに単純で、二番めに豊富に存在する元素である。量では一番の水素に大きく引き離されているが、それでも宇宙全体のほかの元素をすべて合わせた量の五〇倍に相当する。これはビッグバン宇宙論を支える理論的支柱の一つにかかわりがあって、宇宙のいたるところで全原子のおよそ一〇パーセントをヘリウムが占めているのは、われわれの宇宙の起源となった、雑多な原子からなる原初の火の玉全体でヘリウムが一〇パーセントの割合でつくられたからだ、とする予想がそれである。恒星内部で水素が熱核融合を起こせばヘリウムができるので、宇宙ではヘリウムが一〇パーセントより多く蓄積している領域も少なくはないが、ヘリウムがこれより少ない領域は、予想どおり、天の川銀河のなかのどこにも見つかっていない。

ヘリウムが地球上で発見されて単離されるより三〇年ほど前、天文学者は一八六八年の皆既(かいき)日食の際に太陽コロナのスペクトルでヘリウムを検出していた。前に述べたとおり、ヘリウムという名前はまさしく古代ギリシャの太陽神ヘリオスから来たもの。空気中での浮力は水素の九二パーセントだが、水素と違って爆発しないので、百貨店メイシーズの感謝祭パレードに登場する巨大なキャラクターの風船に使われている。このため、メイシーズはアメリカ軍に次いでアメリカ第二位のヘリウム消費者となっている。

＊

生き残れない宿命の持ち主——リチウム

リチウムは宇宙で三番めに単純な元素であり、原子核には陽子が三つある。水素やヘリウムと同じく、リチウムもビッグバンのときにできたが、ヘリウムが恒星のコアで生成するのとは違い、リチウムは既知のあらゆる核反応で破壊される。これもビッグバン宇宙論から導かれる予想であるが、宇宙のどの領域でもリチウムは原子全体の一パーセントにすぎないと考えられる。ビッグバンで生じたこの上限を超えてリチウムが存在する銀河は、これまでに発見されていない。ヘリウムの上限とリチウムの下限を組み合わせると、ビッグバン宇宙論を検証する際の強力な二重の制約条件が得られる。

＊

生命の源――炭素

炭素はさまざまな分子に含まれ、炭素を含まない分子をすべて合わせたよりもその種類は多い。宇宙には炭素が大量に存在する――恒星のコアで形成されて表面に送られ、銀河へと大量に放出される――ことから考えて、生命の化学反応と多様性の基盤とするのに炭素ほどすぐれた元素はほかにない。量のランキングで炭素をわずかに上回る酸素も大量に存在する元素で、爆発した恒星の残骸の中で生まれ放出される。酸素と炭素は、われわれの知る生命を構成する主な要素である。

だが、われわれの知らない生命についてはどうだろう。ケイ素を主たる構成要素とする生命についてはどうか。ケイ素は周期表で炭素の真下にある。ということは、理屈のうえでは炭素と同じ種類の分子を形成できるはずだ。結局のところ、生命の構成要素として炭素のほうがケイ素よりすぐれているとわれわれが考えるのは、宇宙には炭素がケイ素の一〇倍も存在しているからである。しかしこの事実はSF作家の足かせにはならず、ケイ素を主要素とする最初の真の地球外生命体がどんなものかを考えさせるような作品が登場し続けているので、宇宙生物学者はいつまでも気が抜けない。

ナトリウムは食卓塩の主要成分であるほか、各地の街灯で発光ガスとしては現時点で最も広く使われている。ナトリウムランプは白熱灯より明るく長時間にわたって「燃焼」する。ただし、近いうちにLEDに駆逐されてしまうかもしれない。同じワット数ならLEDのほうが明るく、安価なのだ。ナトリウムランプで広く使われている種類は二つ。黄白色の高圧ランプとオレンジ色の低圧ランプで、低圧ランプのほうが数は少ない。どんな光害も天体物理学者にとっては迷惑だが、低圧ナトリウムランプは望遠鏡のデータからその汚染を除去するのが容易なので、最も害が少ない。観測への協力のモデル事業として、キットピーク国立天文台に最も近い大都市であるアリゾナ州トゥーソンでは、地元の天体物理学者との合意によって、市内にあるすべての街灯を低圧ナトリウムランプに取り換えている。

✷

地殻の一割を占めながら近年まで知られず――アルミニウム

アルミニウムは地球の地殻の一〇パーセント近くを占めるが、古代人には知られておらず、われわれの曾祖父母の世代にもまだなじみが薄かった。アルミニウムが初めて単離され同定されたのは一八二七年で、一般家庭で使われるようになったのは一九六〇年代の終盤のこと。それまではスズでできたブリキ缶や箔(はく)を使っていたが、それらに代わってアルミ缶やアルミ箔が使われるようになったのだ(身近なお年寄りに訊いてみれば、今でもアルミ箔のことをスズ箔と呼ぶに違いない)。研磨されたアルミニウムは可視光の反射材としてほぼ完璧なので、現在ではほとんどの望遠鏡で鏡面のすぐれたコーティング材として使われている。

チタンはアルミニウムと比べて密度は一・七倍ながら二倍以上の強度をもつ。そのため、地殻で九番めに量の多い元素であるチタンは、現在では軽くて丈夫な金属を必要とする軍用機の部品や義肢など、多くの用途で使われている。

宇宙のほとんどの場所では、酸素原子のほうが炭素原子より数が多い。すべての炭素原子が利用可能な酸素原子と結合したら(つまり一酸化炭素か二酸化炭素になったら)、残った酸素はチタンなどほかの元素と結合することになる。赤色巨星の光のスペクトルには、酸化チタンに由来する特徴が多く見られる。酸化チタンそのものは、地上の「星」にも縁がある。スターサファイアやスタールビーに見られる星状光彩は、結晶格子内に混入した酸化チタンによって生じるのだ。天体観測ドームに使われる白色塗料にも、酸化チタンが配合される。スペクトルの赤外域の反射率が高く、望遠鏡の周囲の空気に太陽光由来の熱が蓄積するのを大幅に抑えることができるからだ。日が暮れてからドームを開放すると、望遠鏡付近の空気の温度が夜間の外気温まで急速に下がり、恒星などの天体の発する光がくっきりと鮮明に見えるようになる。天体に直接関係があるわけではないが、チタンという名称はギリシャ神話の巨神族ティーターンから来たもの。ちなみに土星最大の衛星タイタンも名前の由来は同じである。

＊

宇宙最重要の元素——鉄

多くの点で、鉄は宇宙で最も重要な元素と見なされる。大質量星は周期表の順番に従って、ヘリウム、炭素、酸素、窒素などの元素をコアの内部でつくっていき、やがて鉄に到達する。鉄は原子核に陽子二六個とそれと同数以上の中性子を有し、核子一個あたりの総エネルギーが全元素のなかで最小であるという奇妙な特徴をもつ。これはじつはきわめて単純なことを意味する。鉄原子を核分裂させると、エネルギーが吸収される。逆に鉄原子が核融合を起こしても、やはりエネルギーが吸収される。しかし、恒星はエネルギー生成が命。コア内で鉄を生成して蓄積するようになった大質量星は、死へ向かっているのだ。豊富なエネルギー源がなければ、恒星は自らの重みで崩壊する。それからすぐに巨大な超新星爆発を起こして外へと物質をまき散らし、一週間以上にわたって太陽一〇億個分よりも明るい光を放つ。

✷

手品のタネにして、ニュートリノ検出の立役者——ガリウム

軟質金属のガリウムは融点がとても低く、手で触れるとカカオバターのように融ける。これでちょっと人を驚かすことができるという点を除けば、ガリウムは天体物理学者にとってさほど興味深いものではない。ただし重要な点が一つある。太陽から飛んでくるニュートリノというとらえがたい粒子を検出する実験で使う、塩化ガリウムの材料となるのだ。巨大な水槽（容量一〇〇トン）を地下に設けて液状の塩化ガリウムで満たし、ニュートリノとガリウム核との衝突によってゲルマニウムが生じないか観察する。この衝突が起きる

と、原子核に何かがぶつかったときに必ず観測されるX線のスパークが放出される。太陽の一生を説明づける標準太陽モデルから予想される数と比べて検出されるニュートリノの数が少ないという「太陽ニュートリノ問題」が長年の謎だったが、これと同様の地下水槽という「望遠鏡」を使うことで解決できた。

✷

地球上に存在しない「人工」の元素——テクネチウム

テクネチウムはどんな形態であっても放射性で、一定の時間が経つと崩壊し、別の原子核に変わってしまう。当然ながら、必要時にテクネチウムを製造する粒子加速器の内部を除いて、地球上にテクネチウムは存在しない。テクネチウムという名称にその特徴が表れている。この名前は、ギリシャ語で「人工の」を意味する「テクネトス」という言葉から来ているのだ。理由はまだ完全には解明されていないが、テクネチウムはある種の赤色巨星の大気中に存在する。このことだけでは驚くに値しないが、テクネチウムの半減期はわずか二〇〇万年で、この元素の存在する恒星の年齢や寿命と比べればはるかに短い。つまり、恒星の誕生時にはテクネチウムが存在しなかったということになる。仮に存在していたなら、今はもう残っていないはずだからだ。恒星のコアでテクネチウムをつくり、そのうえで恒星の表面に押し上げて観測されるようになる仕組みも不明なため、妙な説がいろいろと出されているが、天体物理学者たちはまだそれらについて見解の一致に至っていない。

✷

恐竜絶滅の「生き証人」——イリジウム

オスミウムおよび白金とともに、イリジウムは周期表上で重い（密度が高い）元素のトップスリーを占める。一辺四〇センチメートル程度の立方体の質量が、乗用車のビュイック一台に相当する。このため、イリジウムはどんなオフィス用送風機にも耐える世界最高級の文鎮となる。物事の「決定的証拠」と言われるものは数あれど、イリジウムほどよく知られたものは世界でもまれだ。世界各地で、地質年代で白亜紀と古第三紀の境目（K-Pg境界）*にあたる六五〇〇万年前の有名な地層に、イリジウムの薄い層が見られる。この時期はちょうど、機内持ち込み用スーツケースより大きな陸上生物がすべて絶滅した時期にあたる。伝説的な恐竜もこの時期に絶滅した。イリジウムは地球の表面では希少だが、直径一〇キロメートル級の金属質の小惑星では比較的よく見られる。この小惑星が地球に衝突してその衝撃で気化すると、原子が地表にばらまかれる。したがって、恐竜が絶滅した理由についてこれまでどんな説を信奉していたにせよ、エヴェレストほどの大きさの危険な小惑星が大気圏外からやって来たという説を、今は最有力と見なすべきだろう。

＊

太陽を周回する天体由来の名をもつ元素たち

アインシュタインが知ったらどう思うかは定かでないが、一九五二年一一月一日に南太平洋のエニウェトク環礁（かんしょう）で行なわれた最初の水素爆弾実験の残骸から未知の元素が発見され、彼に敬意を表してアインスタイニウムと命名された。私だったら、ハルマゲジウムとでも名づけたかもしれない。

一方、太陽のまわりを回る天体に由来する名前をもつ元素が周期表には一〇個ある。リンを意味する英語の「フォスフォラス」は「光をもたらす」という意味のギリシャ語

＊以前は白亜紀と第三紀の境目としてK－T境界と呼ばれていた。

に由来し、夜明け前の暁の空に現れる金星を指す昔の名前だった。

セレンのもととなっているのは、ギリシャ語で「月」を意味する「セレネ」だ。鉱石中で常にテルルとともに存在していたからである。テルルはセレンより前に、ラテン語で地球を意味する「テルス」からこう名づけられていた。

一八〇一年一月一日、イタリアの天文学者ジュゼッペ・ピアッツィは、火星と木星のあいだの妙に広い空間で太陽のまわりを回る新たな惑星を発見した。惑星には古代ローマの神にちなんだ名前をつけるという慣例に則って、この天体には豊穣の女神と同じ「ケレス」という名がつけられた。ケレス（Ceres）はもちろんシリアル（cereal、穀物）の語源である。当時、科学界は大いに盛り上がり、彼の栄誉を称えるために、このあと最初に発見された元素をセリウム（cerium）と命名した。それから二年後、ケレスと同じ領域で太陽を公転する惑星がまた新たに発見された。この惑星は古代ローマの知恵の女神にちなんでパラスと命名され、前のセリウムのときと同じく、そのあと最初に発見された元素はパラスの発見を記念してパラジウムと命名された。しかし命名をめぐる騒ぎは、数十年後に終わりを迎えることになる。同じ軌道帯を回る惑星がさらに何十個も発見されたので詳しく調べたところ、それらの天体は既知の最小の惑星よりもはるかに小さいことが判明したのである。太陽系に、ごつごつした小さな岩石や金属の塊の群がる領域が新たに見つかったというわけだ。ケレスとパラスは惑星ではなく小惑星だった。これらが存在する小惑星帯には、天体が何十万個も存在することが今ではわかっている。こんなにあっては、周期表がいくつあっても足りるまい。

常温では液体でつかまえにくい金属の水銀（マーキュリー）と、太陽系の惑星のうち最も高速で運動する水星（マーキュリー）は、どちらもローマ神話に出てくる俊足の使者の神から名前をとっている。

トリウムは稲妻を操るたくましい北欧神のトールにちなんで名づけられた。ローマ神話であれば稲妻を操るユピテル（英語読みではジュピター）に相当する神だ。ハッブル宇宙望遠鏡のとらえた木星（ジュピター）の極地域の画像を見ると、なんとまあ、荒れ狂う雲の層の奥深くで確かに大規模な放電が起きているのがわかる。

私の最愛の惑星である土星*から名前をもらった元素は残念ながらないのだが、天王星、海王星、冥王星はそれぞれ有名な元素の名前のもととなっている。ウランは一七八九年に発見され、その八年前にウィリアム・ハーシェルが発見したばかりの天王星（ウラヌス）にちなんで命名された。ウランの同位体はどれも不安定で、自然に崩壊してもっと軽い元素に変化するのだが、この過程にはエネルギーの放出が伴う。戦争で初めて使われた原子

＊正確には一番好きなのは地球で、土星はその次。

爆弾では、核物質としてウランが使われた。一九四五年八月六日、アメリカがこの爆弾を広島に投下して街を灰にした。原子核に九二個の陽子が詰まったウランは、天然に存在する元素のなかで「最大」であるとよく言われる。ただしウラン鉱石の採掘場では、これより大きな元素も微量ながら天然に存在している。

天王星と同じく、海王星（ネプチューン）から名前のとられた元素もある。しかし惑星発見の直後に見つかったウランとは異なり、ネプツニウムの命名まではずいぶんあいだが空いた。ネプツニウムがローレンス・バークレー国立研究所のサイクロトロンで発見されたのは一九四〇年のことで、フランスの数学者ユルバン・ルヴェリエが天王星の描く奇妙な軌道にもとづいて予想したとおりの位置にドイツの天文学者ヨハン・ガレが実際に海王星を発見してから九〇年以上も経っていた。太陽系で海王星が天王星の次に位置するのと同じく、元素周期表でもネプツニウムはウランの次に出てくる。

バークレー研究所のサイクロトロンは、自然界に存在しない元素をたくさん発見した（つくり出したと言うべきか？）。その一つがプルトニウムで、これは周期表でネプツニウムの次に登場し、冥王星（プルート）から名前をとっている。冥王星は、一九三〇年にクライド・トンボーがアリゾナ州のローウェル天文台で発見した。これより一二九年前にケレスが発見されたときと同じく興奮が広がった。アメリカ人が初めて発見したこの惑星は、正確なデータがなかったので、天王星や海王星にはおよばないにしても地球と同程度の大きさと質量をもつ天体だと広く考えられていた。しかし測定の精度が上がるにつれて、冥王星のサイズは小さくなっていった。冥王星の大きさに関する知見が確定したのは、一九八〇年代の終盤に入ってからだった。今ではあの氷で覆われた冷たい冥王星が太陽系の八つの惑星と比べて格段に小さいことがわかっており、太陽系で最も大きい六個の衛星よりも小さいというお墨付きまでもらってしまった。小惑星のときと同様、のちに冥王星と同じような軌道を描く天体が太陽系の外縁部で何百個も発見された――これで冥王星を惑星から降格させることが確定した。また、それまで確認されていなかった、氷でできた小さな天体の集まったカイパーベルト天体が発見され、今では冥王星もそれに属するものとされている。この点で、ケレスとパラスと冥王星は、人目を欺いて周期表にまぎれ込んだ天体と言えるかもしれない。

広島のわずか三日後にアメリカが長崎に投下した原子爆弾では、不安定な兵器級プルトニウムが核物質として使われた。これによってただちに第二次世界大戦は終結に至った。少量の非兵器級放射性プルトニウムを燃料として作動する、太陽系外縁部へ向かう宇宙船に搭載された放射性同位元素熱発電機（ＲＴＧ）というものもある。太陽系外縁部は太陽光が弱いので、太陽電池パネルが使えないのだ。一キログラムのプルトニウムで、およそ一一〇万キロワット時の熱エネルギーが生成できる。これだけあれば、家庭用ブレンダー一台を一〇〇年間ぶっ続けで動かすのに十分だ。あるいは、われわれが店で売っている食べ物ではなく核燃料で動くならば、人間一人を同じく五〇〇年間動かすこともできる。

✷

かくして太陽系の外縁に至り、その先が見えてきたところで、元素周期表をめぐる宇宙の旅を終えよう。私には理解できないが、化学物質を毛嫌いする人は多い。食料品から化学物質を排除しようとする運動が果てしなく続いているのも、そうした嫌悪感ゆえなのか。むやみに長い名前が、いかにも危険そうに聞こえるのかもしれない。しかしそれならば、化学物質そのものではなく化学者を責めるべきだ。個人的には、私は宇宙のどこへ行こうとも化学物質が嫌いになることはない。お気に入りの星も、大事な友人たちも、みな化学物質でできているのだから。

8　球形であること

自然が球を偏愛する理由（わけ）

結晶と砕けた岩石を除けば、宇宙では天然の状態で鋭角をもつ物体にはあまりお目にかからない。世の中には変わった形の物体は数あれど、丸い物体となると数えきれないほどで、種類も単純な石鹼の泡から観測可能な宇宙全体に至るまで多岐にわたる。すべての形状のなかで最も好ましいのは、単純な物理法則に従ってふるまう球体である。この傾向はとても顕著なので、基本的な洞察を導き出すための思考実験では、たとえ対象が明らかに球体でないとわかっている場合でも、球体であると仮定することが多い。要するに、球体である場合について理解できないのなら、対象の基本的な物理的性質を理解できているとは言えないのだ。

自然界で球体が形成されるのは、たとえば表面張力のように物体をすべての方向についてより小さくさせようとする力が働くときである。シャボン玉の膜に生じる表面張力が、空気を全方向から押し縮める。シャボン玉は、できあがるとすぐに可能な限り最小の表面積で空気を閉じ込めるようになる。この状態なら石鹼水の膜が必要以上に引き伸ばされずにすむので、最大限に丈夫な「玉」となるのだ。大学一年生レベルの微分積分を使えば、閉じ込められた体積に対して表面積が最小となる形状は完璧な球体以外にありえないことがわかる。実際、スーパーマーケット用の食料品の輸送箱や包装をすべて球形にしたら、包装資材のコストが年間で何十億ドルも削減できるだろう。たとえば、スーパージャンボサイズのチェリオス（訳注　一・五キログラム箱入りシリアル）の中身を球形カートンに入れるなら、容器の半径は一一センチメートルほどで十分に足りる。ただし現実的には、棚から落ちて転がった商品を通路の先まで追いかけたいという人はいない、という問題があるが。

地球上でボールベアリングをつくる場合には、機械で材料を旋削するか、長いシャフトの先端に融かした金属を一定量だけ入れて落とすというやり方をする。通常、落とした金属の塊はしばらくうごめいてから球形に落ち着くが、シャフトの下部に到達する前に固まっている必要があるので、そのためには十分な時間が必要だ。軌道上の宇宙ステーションではあらゆるものが無重量となるので、融かした金属を正確に量ってそっと噴出させたら、あとは必要に応じていくらでも時間をかけることができる。粒状の材料が浮遊するうちに冷えて、完璧な球形となって固まる。このときには、表面張力がすべての仕事をしてくれる。

✷

山とは重力の敗北の印

大きな天体は、エネルギーと重力の作用で球形になる。重力とは、あらゆる方向から働いて物質を収縮させる力だが、物質に対して常に勝つとは限らない。固体の化学結合は強力なのだ。ヒマラヤ山脈が地球の重力に逆らって高くなれたのは、地殻岩石の弾性のおかげである。しかし地球の山のたくましさに感心する前に、知っておくべきことがある。世界で最も深い海溝から最も高い山までの高さの差は二〇キロメートルほどだが、地球の直径は一万三〇〇〇キロメートル近くもあるということに注意されたい。つまり、地表を這うちっぽけな人間の目に映るのとは違って、天体としての地球の表面は驚くほどなめらかなのだ。とてつもなく巨大な指で地球の表面（海も含めてすべて）をなでたなら、ビリヤードの球のようにつるりとしているはずだ。高価な地球儀のなかには陸の一部を盛り上げて山脈を表現しているものがあるが、あれは現実をひどく誇張している。地球には山や谷があり、極方向に少しつぶれた形をしているが、宇宙から見れば地球は重力のおかげで完全な球体のように見える。

地球上の山は、太陽系内のほかの惑星の山と比べてもやはり小さい。火星で最も大きいオリンポス山は、標高が二万五〇〇〇メートル、裾野の直径は五〇〇キロメートル以上もある。これと比べれば、アラスカ州のデナリ山（旧称マッキンリー山）などまるでモグラ塚だ。宇宙で山が形成されるプロセスは単純で、天体の表面重力が弱ければ、高い山ができる。エヴェレスト山は、下部の岩層が山の重みを受けて変形しない範囲で、地球の山としては可能な最大の高さにほぼ達している。

固体の天体の表面重力が十分に弱ければ、その天体の表面にある岩石の化学結合は、自らの重みから生じる力に打ち勝つだろう。この場合には、ほぼどんな形状も起こりえる。球形でない天体としては、フォボスとダイモスが有名である。どちらも火星の衛星で、アイダホポテトのような形をしている。大きいほうのフォボスは差し渡しがおよそ二二キロメートルで、地球上で体重七〇キログラムの人がここに行くと一〇〇グラムほどになる。

宇宙では、液体の小さな塊は表面張力の働きで必ず球形になる。球形と思われる小さな固体の天体が見えたら、それは溶融（ようゆう）状態のときに形成されたと考えてよい。非常に質量の大きな塊は、何でできているものであれ重力によって確実に球形となる。

銀河内に存在する巨大なガスの塊どうしが融合して、恒星と呼ばれるほぼ完璧なガスの球体となる場合がある。しかし、重力の強い別の天体に近すぎるところを回る恒星は、やがてガスがはぎ取られて球形がゆがむことがある。「近すぎる」とは、天体の「ロッシュローブ」に近すぎるという意味だ。ロッシュローブという名前は、一九世紀半ばに連星付近の重力場を詳細に研究した数学者、エドゥアール・ロッシュからつけられたものだ。互いを周回する二つの天体を取り囲む二つの領域（ローブ）がつながって、ダンベルのような形となった理論上の領域をロッシュローブと呼ぶ。一方の天体から生じたガス物質がもとのローブから出ると、もう一方の天体に向かう。この現象がよく起きるのは、連星の一方が膨張して赤色巨星となり、ロッシュローブをいっぱいに満たしたときである。赤色巨星はゆがんで、ハーシーのキスチョコを引き伸ばしたような、明らかな非球形になる。そのうえ、連星の一方はブラックホールであることが多く、連星の相手からガスをはぎ取ることによって、ふつうなら姿の見えないブラックホールがそこにあると見て取れるようになる。巨星から生じてロッシュローブを通過したあと、渦巻くガスは極度の高温となって輝き、それからブラックホールに呑み込まれて姿を消す。

＊

銀河はなぜ球でないのか――回転する物体は平坦化する

天の川銀河の恒星群は、大きく平べったい円盤を構成する。「直径」対「厚み」の比は一〇〇〇対一なので、比で言えばこれまでにつくられたどんなパンケーキよりも薄い。こうなるとパンケーキというより、むしろクレープやトルティーヤに近いプロポーションだ。つまり天の川銀河は球形ではなく円盤状なのだが、最初はおそらく球形だった。かつては崩壊するガスからなる大きな球体で、それがゆっくり回転していたと考えると、その薄さが理解できる。収縮している最中に回転速度がどんどん上がり、フィギュアスケーターがスピンしながら腕を体に引きつけて回転速度を上げるのと同じことが起きたのだ。当然、銀河は極方向につぶれる一方で、中心の遠心力が強まることによって中央平面の収縮はまぬかれた。ピルズベリー社のおなじみCMキャラクター、ドゥボーイ（訳注　体が生のパン生地でできている）がフィギュアスケートをすることになっても、高速スピンはしないほうが安全だろう。

収縮が起きる前に天の川銀河の雲の中で形成された恒星はすべて、高速の大きな軌道を保っていた。熱したマシュマロ二つを空中でぶつけたときのように、それ以外のガスは容易にまとまって、中央平面にとどまった。そして太陽など、あとの世代の恒星を生み出した。収縮も膨張もしていない現在の天の川銀河は、重力に関しては成熟した系であり、円盤の上や下で公転する恒星は、当初の球形のガス雲が残したやせ細った残骸と考えることができる。

　回転する物体が平坦化するという一般的な性質により、地球の極直径は赤道直径より短くなっている。といっても大きな違いではなく、その差は〇・三パーセント、距離にして四二キロメートルほどにすぎない。しかし地球は小さく、大部分が固体で、そんなに高速で自転しているわけではない。二四時間で一回転し、赤道上に位置する物体は一時間に一六〇〇キロメートル移動するだけだ。しかし、高速で自転する巨大なガス惑星の土星ならどうだろう。土星はわずか一〇時間半で一周し、赤道は時速三万五〇〇〇キロメートルで回転する。極直径は赤道直径より一〇パーセントも短いので、その差はアマチュア用の小型望遠鏡でもわかる。天体に限らず、つぶれた球体は扁球（へんきゅう）と呼ばれ、極方向に長い球体は長球と呼ばれる。身近なもので言えば、ハンバーガーとホットドッグがそれぞれのすぐれた（ただしいくらか極端な）例となる。読者がどうかは知る由（よし）もないが、私はハンバーガーをかじるたびに土星を思い浮かべる。

✷

ものすごい自転速度にもかかわらず、なぜか球形のまま――パルサーの謎

極端な天体の回転速度については、物体に対する遠心力の作用を使って説明できる。パルサーを例にとろう。パルサーのなかには毎秒一〇〇〇回転以上という高速で回転するものもあるので、ありきたりの物質でできているはずがない。もしそうなら、回転しながらバラバラになってしまうはずだ。仮にパルサーがこれより速く、たとえば毎秒四五〇〇回転のスピードを出したら、赤道は光速で運動していることになるので、この物質はほかのどんな物質とも違うということになる。パルサーがどんなものか理解するために、太陽の質量がマンハッタンと同じ大きさの球に押し縮められたと想像しよう。それが難しければ、一億頭の象をリップクリームの容器一つに詰め込んだところのほうが想像しやすいかもしれない。この密度を達成するには、原子核のまわりや原子軌道を回る電子のあいだの空隙をすべて圧縮する必要がある。こうすると、ほとんどの（負の電荷をもつ）電子が（正の電荷をもつ）陽子の中に押し込まれ、とてつもなく強い表面重力をもつ（中性の電荷をもつ）中性子の塊が生じる。地球でロッククライマーが高さ五〇〇〇キロメートルの絶壁を登るのに要するエネルギーを費やしても、中性子星では紙一枚の厚みほどの高ささえ登れ

ない。つまり重力が強い場所では、高い場所は崩れ落ちて低い場所を埋めるのだ。この現象は聖書に書かれた、「谷はすべて身を起こし、山と丘は身を低くせよ。険しい道は平らに、狭い道は広い谷となれ」（イザヤ書四〇章四節、『新共同訳』）という呼びかけで主のために道が切り開かれたというエピソードを髣髴とさせる。球体をつくるレシピが存在するとしたら、まさにこれがそうだ。以上の理由から、パルサーは宇宙で最も完璧な球体と考えられる。

＊

球形でない銀河団が物語る、深遠な洞察

多数の銀河からなる銀河団については、全体的な形状から天体物理学における深遠な洞察が得られる。ランダムな形のものもあれば、細長いひも状のものもあり、巨大なシート状のものもある。いずれも重力的に安定した球体に落ち着いていない。銀河団のなかにはきわめて大きく広がっているものもあり、そのような銀河団では、宇宙が誕生してからの一三八億年では時間が足りず、構成する銀河どうしがまだ銀河団内を行き来できていない。重力による銀河の出会いが銀河団の形状に影響を与えるには時間が十分に経っていないので、こんな銀河団が存在するのだと考えられる。

しかし、ダークマターの章で登場した美しいかみのけ座銀河団のように、重力によって球形になったことが一目でわかる銀河団もある。球形なので、どの方向に回転している可能性も等しく存在する。回転しているにしても、さほど高速で回転していることはありえない。高速で回転しているなら、天の川銀河のように平べったくなるはずである。

かみのけ座銀河団は、やはり天の川銀河と同じく、重力の点で成熟している。天体物理学の用語では、そのような系は「平衡状態に達している」、または「リラックスしている」と言われる。このことにはいろいろな含みがあるが、その一つとして、銀河団の総質量を知るのに銀河団内の銀河の平均速度がすぐれた指標になる（系の総質量が、平均速度を得るのに利用した天体によるものかどうかにかかわらず）というありがたい事実がある。以上の理由から、重力的に「リラックスした」系は、光を出さない「ダーク」マターを探索するのに役立つ装置となる。いや、もっと思い切った言い方をさせてもらおう。リラックスした系が存在しなければ、あらゆる場所にダークマターが存在するという事実は今もなお知られずにいたかもしれない。

＊

究極の球体——宇宙

　すべての球体の掉尾（ちょうび）を飾る球体——すべての球体のなかで最も大きく最も完璧なもの——は、観測可能な宇宙全体である。どの方向を見ても、銀河はわれわれからの距離に比例した速度でわれわれから遠ざかっている。本書冒頭の数章で見たとおり、これは一九二九年にエドウィン・ハッブルが発見した性質であり、膨張宇宙の特徴としてよく知られている。アインシュタインの相対論と光の速度、そして膨張宇宙とその膨張の結果として生じる質量およびエネルギーの空間的希薄化を結びつけると、銀河の後退速度が光速に等しくなる地点がわれわれから見てどの方向にも存在することがわかる。この地点とその先では、あらゆる輝く天体からの光が、われわれに届く前にエネルギーをすべて失う。そのため、この球形の「境界」より先の宇宙はわれわれには見えず、われわれの知る限りは不可知なものとなっている。

　宇宙が多宇宙（マルチバース）であるという考え方は、相変わらず広く支持されている。この説にはバリエーションがある。マルチバースを構成する複数の宇宙がそれぞれ完全に切り離された別個の宇宙なのではなく、ひとつながりの時空の構造の中に孤立した領域として存在し、それらが互いに作用しあわないだけだとする見方があるのだ。たとえて言うなら、航行中の複数の船が互いに遠く離れていて、それぞれの丸い水平線が交わらないのと同じことである。一隻の船からは（ほかにデータが得られないとして）海上にほかの船の姿は見えないが、じつはすべての船が同じ海に浮かんでいる。

＊

天体物理学者はマルがお好き

球体とはじつに豊かな理論的ツールであり、あらゆるタイプの天体物理学上の問題について洞察を得る助けとなる。ただし、球体を過度に信奉してはならない。私はこんな本気半分のジョークを聞いたことがある。農場で産乳量を増やすにはどうしたらよいかと相談され、畜産の専門家は「餌を見直しなさい」と言い、技術者は「搾乳機の設計を見直しなさい」と助言する。最後に天体物理学者がこう答える。「牛が球形だと考えてみなさい」

9　見えない光

だから不思議な客と思ってそっとしておいてくれ。
この天と地のあいだにはな、ホレーシオ、
哲学などの思いもよらぬことがあるのだ。

『ハムレット』（小田島雄志訳、白水社）一幕五場

見えない光＝赤外線・紫外線の発見

西暦一八〇〇年まで、「ライト」（light、「光」の意）という言葉は、動詞や形容詞として使われる場合を除いて、可視光のみを指していた。しかし一八〇〇年の初めにイングランドの天文学者ウィリアム・ハーシェルが、人間の目には見えないある種の光によるもの

としか考えられない温度上昇を観察した。すでに一七八一年の天王星の発見で卓越した観察眼の持ち主との評判を得ていた彼は、このときには日光と色と温度の関係を調べていた。まず、日光の通り道にプリズムを置いてみた。特に目新しい試みではない。すでにサー・アイザック・ニュートンが前世紀にこれをやって、可視光スペクトルで今やおなじみの七色、すなわち赤、橙、黄、緑、青、藍（あい）、紫（red, orange, yellow, green, blue, indigo, violetの頭文字をつないでRoy G. Bivと語呂合わせにして暗記する）を特定していたから。しかしハーシェルは、各色の光の温度を知りたいと思った。そこで虹のスペクトルのあちこちに温度計を置いた。すると予想どおり、色によって温度が違っていた。*

適正な実験には「対照」が不可欠である。測定対象に関する判断を誤らないよう、影響がまったく生じないと考えられる条件でも並行して測定を行なうのだ。たとえばビールがチューリップにどんな影響を与えるか知りたければ、チューリップにビールを与えるだけでなく、同じ種類のチューリップにビールの代わりに水を与えて栽培する必要もある。どちらのチューリップも枯れたなら——実験者が枯らしたなら——ビールのせいではないことになる。これが「対照」試料（サンプル）を用意する効用である。ハーシェルはこのことを理解していたので、スペクトルの赤色域の外側にも温度計を置いた。実験中にこの温度計が室温より高い値を示すことはないと思っていたのだが、予想は外れた。赤色域よりもさらに高い温度を示したのだ。

ハーシェルはこう記している。

赤色域でも最高温度には達せず、最高温度は可視の分光域より少し外側で生じるらしいと結論できる。この場合、「不可視の光」という言い方をしてよいならば、その不可視の光をもたらす要因のうち、放射熱が主たるものではないにせよ少なくとも一部を占めると思われる。つまり太陽の放つ光のなかには、視覚に適合しない運動量をもつものが含まれるということである。**

マジか！

＊それまで物理学者のものだった分光計が一九世紀半ばにようやく天文学の問題に対しても使われるようになり、天文学者は天体物理学者となった。一八九五年創刊の権威ある《天体物理学ジャーナル》には、「分光法および天体物理学に関する国際的レビュー」というサブタイトルがついていた。

＊＊William Herschel, "Experiments on Solar and on the Terrestrial Rays that Occasion Heat," *Philosophical Transactions of the Royal Astronomical Society*, 1800, 17.

ハーシェルは期せずして、スペクトルで赤色のすぐ「外側」に新たな領域となる赤「外」光を発見し、このテーマで執筆することになる、合わせて四つの論文の第一弾として発表した。

光は「電磁スペクトル」へと拡張された

天文学におけるハーシェルの発見は、生物学でアントニ・ファン・レーウェンフックが湖で採取した水の小滴中で「多数の微小な動物が非常に美しく運動している」*のを発見したのに勝るとも劣らない偉業だ。レーウェンフックは、生物学における宇宙とも言える単細胞生物を発見した。一方、ハーシェルはまったく新しい光を発見した。どちらも目の前にあるのに気づかれずにいたものだった。

ハーシェルが研究を離れると、すぐにほかの研究者があとを引き継いだ。一八〇一年、ドイツの物理学者で薬剤師でもあったヨハン・ヴィルヘルム・リッターが、さらに別の不可視光域を発見した。ただしリッターは温度計ではなく光に反応する塩化銀を使い、可視光の各色域に加えて、スペクトルの端にあたる紫色域の外側の暗い領域にも塩化銀を小さな山にして置いた。すると予想どおり、光の当たっていない塩化銀が、紫色域の塩化銀よりも黒ずんだ。紫色の外側には何があるのか？　紫「外」線だ。これが今ではＵＶ (ultraviolet) という呼び方でよく知られている。

電磁スペクトル全体の構成要素を低エネルギー・低周波数から高エネルギー・高周波数の順に並べると、電波、マイクロ波、赤外線、可視光の赤橙黄緑青藍紫（ROYGBIV）の七色、紫外線、X線、ガンマ線となる。現代の文明において、これらの帯域は家庭用や産業用のさまざまな用途で活用されており、われわれにとって身近なものとなっている。

✷

見えない光が天文観測に応用されるまでの遠い道のり

紫外線と赤外線が発見されても、天体観測にすぐさま変化が起きたわけではない。電磁スペクトルの不可視域が検出できる設計の望遠鏡が初めてつくられたのは、それから一三〇年後だった。電波、X線、ガンマ線が発見されてからずいぶんあとのことになる。また、光にはいろいろな種類があるがじつは帯域の周波数が違うだけだということをドイツの物

---

*アントニ・ファン・レーウェンフックがロンドンの王立協会に宛てた一六七六年一〇月九日付の手紙。

理学者ハインリッヒ・ヘルツが示してからも、長い時間が経っていた。そもそも、電磁スペクトルの存在が発見されたのもヘルツのおかげだ。彼を称えて、振動するあらゆるもの（音も含まれる）が一秒あたりに波打つ回数を表す周波数（振動数）の単位がヘルツとされたのは当然と言えよう。

不思議なことに、この新たに発見された光の不可視域と、宇宙からやって来るそれらの帯域を観測できる望遠鏡をつくるというアイディアとが、天体物理学者の中で結びつくまでには時間がかかった。検出技術の遅れが影響したのは間違いない。しかし、傲慢が仇（あだ）になった、ということもあるに違いない。つまり、人間のすぐれた眼でとらえられないような光を宇宙が発することなどありえないという思い込みである。ガリレオからエドウィン・ハッブルに至る三〇〇年以上のあいだ、望遠鏡を製作する目的は一つしかなかった。可視光をとらえて、生物たるわれわれに与えられた視力を増強することだけを目指していたのだ。

「人間の網膜」中心の思考が何を見逃してきたか

望遠鏡とは、われわれの貧弱な感覚を増強して、遠い場所をよく知るための道具にほかならない。大型であるほど、暗い天体までよく見える。鏡の形状が完璧であるほど、像が鮮明に見える。検出器の感度が高ければ、観測の効率が上がる。しかしいずれにしても、望遠鏡が天体物理学者に与えてくれる情報はすべて、光によって地球に伝えられる。

しかし天空で起きる現象は、人間の網膜にとって好都合なものばかりではない。むしろ多くの場合、複数の帯域にまたがっていろいろな量の光が同時に放たれる。であれば、スペクトル全域がカバーできるように調節された望遠鏡と検出器がなければ、天体物理学者が宇宙で起きる衝撃的な事象をまったく知らずにやり過ごす事態も生じるだろう。

たとえば爆発する恒星、すなわち超新星のケースだ。超新星というのは宇宙全体で見ればめずらしいものではなく、猛烈なエネルギーを放つことによって莫大な量のX線を発生させる。ガンマ線バーストや紫外線の閃光を伴うこともあり、可視光に至ってはいやというほどの豊富さだ。爆発性ガスが冷えて衝撃波が消散し、可視光が消えてから長い時間が経過したあとで、超新星の「名残（なごり）」が赤外光を放ち続けながら電波のパルスを発する。この天体が宇宙で最も確かなタイムキーパーと言ってもいい、パルサーだ。

恒星の爆発はたいてい遠い銀河で起きるが、天の川銀河で恒星が爆発したら、その死の苦悶に際して放たれる強烈な光は望遠鏡がなくても見えるだろう。最近では一五七二年と一六〇四年に天の川銀河で、不可視ゆえに地球上では見た者の皆無だったX線やガンマ線を放つ超新星爆発が起きている——驚くほどまぶしい可視光が広く報告されてはいるが。

光の各帯域を構成する波長（または周波数）の範囲は、それを検出するのに使う装置の設計に強く影響する。超新星爆発の特徴すべてを同時に観測できる望遠鏡と検出器の組み合わせというものが存在しないのはそのせいだ。しかし、この問題をクリアするのはたやすい。複数の光の帯域で、目当ての対象について研究仲間などが取得した観測結果をすべて集めるのだ。そして調べたい不可視域に可視の色を割り当てて、複数帯域のメタ画像を作成する。テレビの《新スター・トレック》シリーズに登場するジョーディ（訳注　生まれつき目が見えず、ヴァイザーという視覚情報取得装置を装着している）の見ているのが、まさにそういう画像である。こうして増強された視覚を利用すれば、何も見逃さずにすむ。

装置を準備する前に、まず自分の観測したい天体の帯域をぜひ知っておきたい。それから、使用する鏡のサイズと必要な材料、鏡の形状と表面の性質、必要な検出器の種類について考える。たとえばX線をとらえたいなら、波長が極端に短いので、鏡の表面の不備によって波がゆがんでしまわないように、このうえもなくなめらかなものを使うべきである。一方、波長の長い電波をとらえる場合には、鶏小屋用の金網を手で折り曲げたものでも鏡として使える。つかまえたい光の波長よりも針金の不規則な折れ曲がりのほうがはるかに小さいからだ。もちろん、詳細な情報もたくさんほしい。つまり高い分解能が必要なので、鏡は可能な限り大きいほうがよい。最後になるが、望遠鏡の直径は検出したい光の波長よりもはるかに大きくなくてはいけない。電波望遠鏡を建造するときには、とりわけこれが大事である。

✷

見えない光＝電波を用いた望遠鏡第一号のつくられた意外なわけ

可視光以外の電磁波を観測する望遠鏡として最初につくられたのは電波望遠鏡で、これは観測装置のなかで特筆すべきジャンルである。一九二九年から三〇年にかけて、アメリカ人技術者のカール・G・ジャンスキーが、初めてうまく機能するものを建造した。見た目は機械化農場の移動式散水装置に似ていなくもない。木材を交差させた支持材と床材に四角く組んだ背の高い金属フレームを留めつけて並べたもので、T型フォードの車輪のスペアを利用してその場でメリーゴーランドのように回転する。ジャンスキーは一辺三〇メートルほどの装置を約一五メートルの波長に合うように調節し、二〇・五メガヘルツの周波数に対応できるようにした*（一四五頁参照）。ジャンスキーが勤務先のベル研究所から与えられた任務は、地上の無線通信の障害となりえる地上の電波源から生じる雑音を調べることだった。この経緯は、ベル研究所が三五年後にペンジアスとウィルソンに課した任務を思い出させる。第3章で紹介した、マイクロ波を受信機で検出したことが宇宙マイクロ波背景放射の発見につながったという、あの話である。

自作のアンテナで記録された空電雑音を丹念に追跡してその時間を測定する作業に二年ほど費やしたすえに、ジャンスキーは電波が近くの雷雨をはじめとする既知の地上の発生源だけでなく、天の川銀河の中心からも発生していることを発見した。望遠鏡で観測すると、電波を発している領域は二三時間五六分ごとに一周した。これは地球の自転周期と完全に一致する。そして、銀河中心が天空の同じ角度および高度に戻るまでにかかる周期と一致する周期も見られた。カール・ジャンスキーは、この発見を「地球外起源と思われる電気妨害」という論文で報告した。**

この観測から電波天文学が生まれた。ただし、ジャンスキー自身はかかわっていない。ベル研究所から新たな任務を与えられたため、自らなし遂げた重大な発見の成果を追究することができなかったのだ。しかし数年後、イリノイ州ホイートンのグロート・レーバーというアメリカ人が独力で研究を始め、直径九メートルの金属製の反射鏡を備えた電波望遠鏡を自宅の裏庭に建設した。一九三八年、失業中だったレーバーはジャンスキーの発見を裏づけ、それから五年間を費やして、全天の電波源の分布を示す低分解能の地図を完成させた。

レーバーの望遠鏡は画期的だったが、現在の基準で言えば小さく粗雑だった。現在の電波望遠鏡はまったく違う。裏庭には収まらず、とてつもなく巨大なものもある。一九五七年に運用を開始したＭＫ１は、掛け値なしに巨大な電波望遠鏡の世界第一号である。口径七六メートルの単一口径一体式可動型電波望遠鏡で、イングランドのマンチェスター近郊にあるジョドレルバンク天文台に設置されている。ＭＫ１の運用が始まって二カ月後、ソ連がスプートニク一号を打ち上げると、ジョドレルバンクの望遠鏡はにわかにこの人工衛星を追跡するのにうってつけの施設となった。そして、惑星宇宙探査機を追跡するために今日(こんにち)用いられている深宇宙通信網の先駆けとなった。

二〇一六年に完成した世界最大の電波望遠鏡は、「五〇〇メートル開口球面電波望遠鏡」（ＦＡＳＴ）と呼ばれる。これは中国が貴州省(きしゅうしょう)に建設したもので、鏡面面積はサッカ

＊すべての波は、「速度＝周波数×波長」という単純な方程式に従う。速度が一定の場合、波長が長くなれば波の周波数は下がり、逆に波長が短くなれば周波数は上がる。よって、二つの数値を掛け合わせれば必ず同じ速度が得られる。これは光や音、さらにはスタジアムで「ウェーブ」をしている観客についても成り立つ。移動する波であればどんなものでも成り立つのだ。

＊＊Karl Jansky, "Electrical Disturbances Apparently of Extraterrestrial Origin," *Proceedings of the Institute of Radio Engineers* 21, no. 10（1933）: 1387.

ー場三〇個分を上回る。エイリアンがメッセージを送ってくることがあれば、いち早く気づくのは中国人だろう。

✷

マイクロ波(ウエーブ)望遠鏡の大敵は、電子(マイクロウエーブ)レンジ調理に不可欠の水分？

電波望遠鏡には、干渉計というタイプもある。複数の同型のパラボラアンテナを辺鄙(へんぴ)な地域に距離をおいて設置し、協調して作動するように電子回路で接続する。これによって、電波を発する天体について単一の明瞭な超高分解能画像が得られる。ファストフード業界に先立つずっと以前から、スローガンこそ打たなかったが、「スーパーサイズ」は望遠鏡の売りだったわけで、なかでも電波干渉計にはとりわけ巨大なものがある。ニューメキシコ州ソコロの近くにあるのがその一つだ。多数のパラボラアンテナを集積したもので、正式名は「超大型干渉電波望遠鏡群」、口径二五メートルのパラボラアンテナ二七基が砂漠の平原の、直径およそ三五キロメートルの範囲に敷かれたレールに設置されている。この観測所は見た目がとても印象的なことから、『２０１０年』（一九八四年）、『コンタクト』（一九九七年）、『トランスフォーマー』（二〇〇七年）といった映画で背景として使われている。「超長基線アレイ」という電波望遠鏡もあり、こちらは口径二五メートルのパラボラアンテナ一〇基をハワイからヴァージン諸島に至る八〇〇〇キロメートルの範囲に配置することにより、電波望遠鏡として世界最高の分解能を実現している。

　干渉計でマイクロ波が使われるようになったのは比較的最近のことだが、チリ北部のアンデス山脈の奥地にアンテナ六六基を設置した「アタカマ大型ミリ波サブミリ波干渉計」（ＡＬＭＡ（アルマ））がある。一ミリメートル以下から数センチメートルまでの波長に対応するように調整されていて、天体物理学者はこれを使って、ガス雲が崩壊して恒星を生み出すときの構造など、ほかの帯域では観測できない宇宙のさまざまな活動を高分解能で見ることができる。乾燥した場所が望ましいということで、ＡＬＭＡは湿気をもたらす雲よりはるかに高い海抜五〇〇〇メートルという、地球上で最も乾燥した場所に設置されている。電子レンジ（マイクロウェーブ）で料理するときには水分が必要かもしれないが、天体物理学者にとっては邪魔なことこのうえない。地球の大気に含まれる水蒸気は、銀河のかなたから届くきれいなマイクロ波信号を壊してしまうのだ。この二つの現象は、もちろん互いに関係している。水は食べ物に最も広く含まれる成分であり、電子レンジは主に水分を加熱する。このことから、水がマイクロ波を吸収するということが当然考えられる。よって、天体を明瞭に観測したければ、望遠鏡と宇宙とのあいだの水蒸気を最小限に抑える必要がある。ＡＬＭＡはまさにこれを実践しているのだ。

✷

こわそうなガンマ線も、深宇宙観測の強い味方

電磁スペクトルで超短波のいちばん端に位置するのは、高周波数・高エネルギーでピコメートルレベルの波長をもつガンマ線だ。* 一九〇〇年に発見されたが、宇宙で最初に検出されたのは、一九六一年にNASAの人工衛星エクスプローラー一一号に新しいタイプの望遠鏡が搭載されたときだった。

SF映画に毒されている人は、ガンマ線が人体に有害だと思わされている。体が緑色に変わって筋肉がムキムキになるとか、手首からクモの巣が噴き出るようになる、とかね。しかし、ガンマ線は捕捉するのが難しいものでもある。ふつうのレンズや鏡はそのまま通過してしまう。では、どうしたら観測できるのか。エクスプローラー一一号の望遠鏡にはシンチレーターという装置が内蔵されていて、入射してくるガンマ線によって荷電粒子が送り出される。荷電粒子のエネルギーを測定すれば、エネルギーを生成したのがどんな高エネルギーの光だったかわかる仕組みだ。

二年後の一九六三年、ソ連、イギリス、アメリカの三カ国が、水中、大気圏内、宇宙空間——これらの領域で核実験を実施すると、核降下物が拡散して自国の領土以外の地域を汚染する可能性がある——での核実験を禁じる、部分的核実験禁止条約を締結した。しかし当時は冷戦のさなかで、どの国も他国をまるで信用していなかった。「信用せよ、ただし確かめよ」という国防上の教義があるが、その精神に則(のっと)ってアメリカは新しい人工衛星ヴェラを配備し、ソ連が核実験を強行すれば生じるはずのガンマ線バーストを監視した。実際、毎日のようにガンマ線バーストが検出された。しかしこれはソ連のせいではない。このガンマ線バーストは、深宇宙から届いたものだった。そしてのちに、宇宙のあちこちで遠くの恒星が間欠的(かんけつ)に巨大な爆発を起こしたときに送られてくる、いわば挨拶状であるとわかった。ここからガンマ線天文学という、私の専門分野における新たな研究領域が生まれた。

一九九四年にはNASAのコンプトンガンマ線観測衛星が、ヴェラの発見に劣らず予想外の現象を検出した。地球の表面付近でガンマ線の閃光が頻繁に発生していたのだ。これには「地球ガンマ線フラッシュ」というもっともな名前がつけられた。核による大虐殺

＊「ピコ」は一兆分の一を表す接頭辞で、1ピコメートル＝0.000000000001メートル。

か？　それは違う。今この文を読んでいる読者がいるという事実が何よりの証拠だ。ガンマ線バーストはすべてが等しく致死的なわけではなく、必ずしも宇宙に起源をもつわけでもない。地球ガンマ線フラッシュに関しては、ふつうの稲妻が発生する直前に、一日に少なくとも五〇回はこの閃光が雷雲の上部付近から放たれている。その起源にはいくらか謎が残っているが、最も説得力のある説明によれば、雷雨が発生すると自由電子が光速付近まで加速し、それから大気中の原子の核にぶつかってガンマ線を生成するらしい。

✷

宇宙の真の姿を「見る」には、「見えない光」が不可欠

今日、望遠鏡は電磁スペクトルのあらゆる波長域を観測している。地上からの観測もなされているが、それは一部だけで、地球大気に邪魔されない宇宙からの観測がほとんどである。波形の頂点間の距離が一〇メートルあまりもある低周波の電波から、波長が一〇〇〇兆分の一メートルにも満たない高周波のガンマ線に至るまで、今やわれわれはさまざまな現象を観測できるようになった。このように光のパレットは多彩で、天体物理学の発見は尽きることがない。銀河の恒星間にガスがどのくらい存在するのか知りたければ、電波

望遠鏡を使うのがベストだ。マイクロ波望遠鏡がなかったら、宇宙背景放射に関する情報は得られないし、ビッグバンを真に理解することもできない。銀河のガス雲の奥深くで恒星の子どもが生まれるところをこっそり見てみたければ、赤外線望遠鏡を使ってみよう。ふつうのブラックホールや銀河中心にある超巨大ブラックホールの付近からの放射を観測したいときは？　紫外線望遠鏡やX線望遠鏡が最適だ。太陽四〇個分の質量をもつ巨星の高エネルギー爆発を観測したければ、ガンマ線望遠鏡でそのドラマをとらえればよい。

ハーシェルが「視覚に適合しない」光の実験を行なって、宇宙がどう見えるかではなく宇宙がどんなものであるかを探索できるようにしてくれて以来、われわれはずいぶん遠くまで歩んできた。今の状況を見たら、ハーシェルは誇らしく思うに違いない。不可視なものが見られるようになって初めて、われわれは宇宙の真の姿をとらえる眼を獲得した。時空に広がる多様な天体や現象を集めた、目のくらむほど豊かなコレクションが、今やわれわれのものとなったのだ。今度はそれらについて哲学的な思索をめぐらせるのも悪くないかもしれない。

10　惑星のあいだに

太陽系はスカスカの「空間」か――とんでもない！

遠くから見ると、われわれの太陽系は空っぽに見える。最も外側を回る惑星である海王星*の軌道が収まる大きな球体に太陽系を入れたら、太陽とすべての惑星とそれらに属する衛星の占める体積は、球体内の空間の一兆分の一をかろうじて上回るにすぎない。しかし、じつは空っぽではない。惑星間の空間には、ごつごつした岩、丸い小石、氷の塊(かたまり)、塵(ちり)、荷電(かでん)粒子の流れ、はるばる飛んできた探査機など、さまざまなものがある。この空間にはまた、強烈な重力場や磁場も広がっている。

惑星間空間が思いのほか空(から)っぽでない証拠として、地球は秒速三〇キロメートルで公転しながら、一日あたり何百トンもの隕石を浴びている。といっても、砂粒ほどの大きさの隕石がほとんどだ。それらの隕石はたいてい、地球の上層大気中で燃え尽きる――大量のエネルギーをもって大気に衝突するので、ぶつかった瞬間に蒸発してしまう。か弱き人類は、大気という毛布に守られて進化したわけだ。砂粒よりも大きいゴルフボール大の隕石は急速に熱くなるが、その温度上昇が不均一なので、蒸発する前に砕けて多数の破片になることが多い。これよりもっと大きな隕石は、表面が焦げるだけでほかの部分は無傷なまま地上に到達する。地球は今までに四六億回も太陽のまわりを公転しているので、そのあいだに公転軌道にあるがらくたはすっかり「片づけ」られてしまったのではないかと思う人もいるだろう。しかし今と比べると、昔は格段に厳しい環境だった。太陽とそのまわりを回る惑星が形成されてから五億年にわたって岩石の破片が大量に地球へと降り注いだので、ひっきりなしに起きる衝突のエネルギーがもたらす熱で地球の大気が高温になり、地殻が融(と)けたほどだ。

惑星や衛星のあいだは、危険な漂流物でいっぱい

一つの巨大な破片から月ができた。アポロの宇宙飛行士が月で採取してきたサンプルに

*そう、冥王星は惑星ではなくなったのだ。そろそろこの事実を受け入れよう。

は鉄などの重い元素が予想外に少なかったことから、地球が火星サイズのさまよう原始惑星とすれ違いざまに衝突したときに、鉄の少ない地球の地殻やマントルから飛び出した破片が月になった可能性が高いと考えられる。この衝突で生じた破片が地球のまわりを回りながら凝集し、美しい低密度の衛星となったのだ。この一大事件とは別に、生まれてまもない地球に浴びせられた激しい砲撃は、太陽系のほかの惑星やその他の大型天体にも降りかかった。これらの天体はそれぞれ同様のダメージを受け、大気がなく浸食の生じない月や水星の表面にはこの時期にできたクレーターが大量に残っている。

太陽系はその形成の過程で生じた漂流物に傷つけられているわけだが、それに加えて惑星の周辺には、高速の衝突で地面が陥没したときの反動で火星や月や地球から飛び出たさまざまなサイズの岩石が漂っている。隕石が衝突するとどうなるのかコンピューターで調べてみると、衝突域付近の表層岩石は天体の重力を振り切るのに十分な速度で上空に飛び出すことがはっきりとわかる。地球上で火星から飛来した隕石の発見されるペースから考えて、火星の岩石が年間一〇〇〇トンほど地球に降り注いでいると判断できる。月からも同じくらい飛来しているかもしれない。今思えば、わざわざ月まで出かけて石を採取してくる必要はなかった。向こうから大量に飛んでくるのだから。ただし、それはわれわれが頼んだことではないし、アポロ計画の時代にはまだ、そんなこととは誰も知らなかった。

✷

地球の生物を絶滅に追いやるかもしれない小惑星がすぐそばに……

太陽系の小惑星のほとんどは、火星と木星の軌道のあいだに存在するほぼ平坦な小惑星帯の中で生涯を送る。小惑星が見つかったときには、発見者が好きな名前をつけてよいというのが慣わしだ。イラストなどでは、小惑星帯は太陽系平面で岩石が雑然と散らばった領域として描かれることが多いが、総質量は月の質量の五パーセントにも満たない。ちなみに月の質量は地球の質量の一パーセントをかろうじて上回るほど。なんだつまらないやつ、と思えるだろうか。しかし実際には、小惑星軌道の摂動の蓄積によって危険なふるまいに走る小惑星群が、絶えず生み出されている。おそらく数千個ほどの小惑星の描くゆがんだ楕円軌道が、地球の軌道と交わっているのだ。簡単な計算で、一億年以内にそのほとんどが地球に衝突することがわかる。直径がおよそ一キロメートル以上あれば、その衝突のエネルギーによって地球の生態系の安定性を奪い、陸上生物のほとんどを絶滅の危機に追いやるのに十分である。

これは一大事。

彗星という名の気まぐれな訪問者

地球の生命に危機をもたらす天体は、小惑星だけではない。たとえばカイパーベルトもその一つだ。カイパーベルトというのは、太陽に近づくと彗星になるような小天体が棲み処としている帯状の領域であり、海王星の軌道のすぐ外側から始まって冥王星を含み、おそらく太陽から海王星までの距離と同じくらいの幅で広がっている。オランダ生まれのアメリカ人天文学者のジェラルド・カイパーは、海王星の軌道の外側の遠く冷たい宇宙空間には太陽系の形成で生じた氷の残骸が存在するという説を発展させた。これらの小天体には降着すべき大きな惑星がないので、ほとんどがこれから何十億年も太陽のまわりを回り続けることになるだろう。小惑星帯と同じく、カイパーベルト天体の一部も、別の惑星の軌道と交差する、ゆがんだ楕円軌道を描く。冥王星や冥王星族の天体は、太陽を公転する海王星の軌道と交差する。カイパーベルトには、惑星の軌道を気ままに横切って、小惑星帯より内側の内部太陽系を目指す天体もある。彗星のなかで最も有名なハレー彗星もその一つだ（訳注　ハレー彗星は後述するオールトの雲起源）。

カイパーベルトのはるかかなたには、彗星が球状に集まった「オールトの雲」という領域があり、隣の恒星に至る道のりの中間あたりまで広がっている。この名前は、その存在を最初に推測したオランダ人天体物理学者のヤン・オールトにちなんでいる。オールトの雲からは、人の一生よりもはるかに長い公転周期をもつ長周期彗星が生じる。カイパーベルトの彗星とは違って、オールトの雲の彗星はあらゆる方角からあらゆる角度で内部太陽系に降り注ぐ。一九九〇年代に観測された彗星のなかで最も明るかったヘール・ボップ彗星と百武(ひゃくたけ)彗星は、どちらもオールトの雲から生じたものだった。この二つの彗星が次にこちらへ向かってくるのはかなり先になる。

✷

そもそも、太陽系には衛星がいくつあるのか？

磁場を見ることのできる眼で空を見たら、木星は満月よりも一〇倍大きく見えるはずだ。木星を訪れる宇宙船は、この強力な磁力の影響を受けないように設計しなくてはいけない。一九世紀、イングランドの物理学者マイケル・ファラデーは、磁場に電線を通すとその電線に沿って電圧差が生じるということを証明した。ということは、高速で進む金属製の宇宙探査機の内部では電流が誘起されるはずだ。そうなると、この電流から磁場が生じて周囲の磁場と相互作用し、探査機の動きを妨(さまた)げることになる。

私が最後に確認したとき、太陽系の惑星には合計五六個の衛星があることになっていた。ところがある朝目覚めると、土星のまわりで新たに一二個の衛星が発見されていた。それ以来、私は衛星の数をフォローするのをやめた。今はただ、衛星のなかに訪れたり研究したりするのにおもしろそうなものがないかだけを考えている。見ようによっては、太陽系の衛星はその公転軌道の中心にある惑星よりもはるかに興味深いから。

✷

「ダブルタイダルロック」をキメあう星たち

地球の衛星である月は直径が太陽のおよそ四〇〇分の一だが、地球からの距離も太陽のおよそ四〇〇分の一なので、地球から見ると太陽と月は同じ大きさに見える。太陽系でこのような一致をもつ惑星と衛星の組み合わせはこれだけであり、おかげでよそでは見られない美しい皆既(かいき)日食が起きる。また、地球と月のあいだにはたらく潮汐力(ちょうせきりょく)の作用で、月の自転周期と地球に対する公転周期も一致する。このような関係にある衛星は必ず、主惑星のまわりを同じ面を向けて回り続ける。

木星の衛星系は変わり種(だね)だらけだ。木星から最も近い位置にある衛星のイオは、潮汐力で固定され、木星やほかの衛星との相互作用によって構造的な負荷を受けている。そのためこの小さな衛星の内部では大量の熱が発生し、岩石が溶融（ようゆう）している。このようなわけで、イオは太陽系内で最も火山活動の活発な場所となっている。同じく木星の衛星であるエウロパは、水が豊富だ。イオと同じ仕組みで発生する熱によって地下の氷が融け、氷の下には温かい海が生じている。生命を探す場所として地球以外にふさわしい場所があるとすれば、それはここだ（私は一緒に仕事をしているイラストレーターから、エウロパ生まれのエイリアンがいたらエウロピアン〔訳注　European はふつうは「ヨーロッパ人」の意味〕と呼ぶのかと訊かれたことがある。ほかにいい答えを思いつかなかったので、「そうだ」と答えておいた）。

冥王星最大の衛星であるカロンは非常に大きく冥王星との距離が近いので、この二つの天体は互いに潮汐力で固定しあっている。つまり、両者の自転周期と公転周期は一致している。この関係は「相互潮汐固定（ダブルタイダルロック）」と呼ばれる——レスリングの新しい技ではないが。

惑星にはローマ神から名前をとり、その惑星に属する衛星にはそのローマ神に対応するギリシャ神にゆかりのある古代ギリシャ人にちなんだ名前をつけるのが慣例となっている。古典の神々は幅広い社交生活を営んでいたので、名前のもとには事欠かない。この命名の規則を守らなかった唯一の例外が天王星（ウラヌス）の複数の衛星で、英文学の登場人物から名前をもらっている。肉眼でたやすく見える惑星よりも遠くにある惑星を初めて発見したのは、イングランドの天文学者、サー・ウィリアム・ハーシェルだった。彼は自分が忠実に仕える国王の名前をこの惑星につけようとした。このもくろみが実現していたら、惑星のリストは、水星、金星、地球、火星、木星、土星、ジョージ星となっていただろう。しかし幸いにも、良識ある人たちの説得が功を奏し、数年後に慣例に則った「ウラヌス」という名が採用された。だが、ウィリアム・シェイクスピアの戯曲やアレクサンダー・ポープの詩に登場する人物の名前を衛星につけたいという彼の当初の提案は、今に至るまで伝統として生き残っている。天王星には衛星が二七個あるが、そのなかには、アリエル、コーディリア、デズデモーナ、ジュリエット、オフィーリア、ポーシャ、パック、ウンブリエル、ミランダが顔を並べている。

地球の「大気」は上空どこまでか？

太陽の表面からは、毎秒一〇〇万トン以上のペースで物質が消失する。この現象は「太陽風」と呼ばれ、高エネルギーの荷電粒子の形をとる。この粒子は秒速一五〇〇キロメートルにも達する速度で宇宙に広がり、惑星の磁場によって進む向きが変わる。惑星の南北の磁極に向かってらせんを描きながら舞い降り、ガス分子と衝突して色鮮やかなオーロラで大気を輝かせるのだ。土星と木星の磁極付近で発生したオーロラが、ハッブル宇宙望遠鏡でとらえられている。地球でも北極と南極でオーロラが見られ、大気に守ってもらえることのありがたさをときおり気づかせてくれる。

一般に、地球の大気は地表から数十キロ上空まで広がっていると言われる。「低」地球軌道を回る人工衛星は、上空一六〇キロメートルから六四〇キロメートルの高度で、およそ九〇分かけて軌道を一周するのがふつうだ。この高度まで行くと呼吸はできないが、大気の分子はいくらか存在するので、それなりに手を打たなければこのわずかな空気抵抗で人工衛星から軌道エネルギーが徐々に奪われてしまう。これへの対策として、低軌道を進む人工衛星はときどきエンジンを噴射しなければならない。そうしないと、地球へ向かって落下し、大気中で燃え尽きるはめになる。どこまでが地球の大気かを定義するのに、ガス分子の密度が惑星間空間と等しくなる場所に着目するという方法もある。この定義に従えば、地球の大気は上空数千キロメートルまで広がっているということになる。

これより高い上空三万六〇〇〇キロメートル（月までの距離の一〇分の一）では、通信衛星が周回している。この特別な高度では、地球の大気による影響をまぬかれるだけでなく、地球のまわりをまる一日かけて一周するというゆったりした速度で進むことができる。地球の自転速度とぴったり一致する速度で動いているので、地上からはあたかも上空で静止しているかのように見え、地球上の一地点から別の地点へ信号を中継するのに都合がよい。

✷

われわれの楯（たて）になってくれる、巨大惑星の重力場

ニュートンの法則に明確に記されているとおり、惑星から遠ざかるにつれてその惑星がおよぼす重力は弱まるが、どれほど離れても重力が完全になくなることはない。強力な重力場をもつ木星は、放っておけば内部太陽系に破壊をもたらすたくさんの彗星を片づけて、被害を防いでくれる。まるでたくましい兄貴分のように地球を守る重力シールドとして働き、地球におよそ一億年という長きにわたってまずまずの平穏と静謐（せいひつ）を与えている。木星が守ってくれなければ、地球上の複雑な生命は常に破滅的な衝突による絶滅の危機にさらされていたはずで、その複雑さが興味をそそるほどになるのは難しかっただろう。

宇宙へ探査機を打ち上げるときには、たいてい惑星の重力場を利用する。たとえば土星を探査したカッシーニは、金星から二度、地球から一度（帰還飛行時）、木星から一度、重力の助けを借りた。ビリヤードで突いた球を台のふちで何度も跳ね返らせるマルチクッ

ションショットのように、ある惑星から別の惑星へと方向転換していく経路を使うのが一般的だ。この方法を使わない限り、小さな探査機がロケットの力だけで目的地に到達するのに十分な速度とエネルギーを確保するのは難しい。

私は今、太陽系の惑星間にある小さな天体の、後見役と言えなくもない立場にある。二〇〇〇年一一月、デイヴィッド・レヴィーとキャロリン・シューメイカーが小惑星帯に発見して１９９４ＫＡと仮称を与えていた小惑星が、私の名をとって（１３１２３）タイソンと命名されたのだ。私はこの名誉をありがたく受けたが、とりたてて自慢するほどのことではない。ジョディーとかハリエット、トマスなど、一般的な名前をもつ小惑星はたくさんあるし、マーリン、ジェイムズ・ボンド、サンタという小惑星もある。小惑星は今や数十万個のオーダーに達しており、名前を考えるのに苦労する日が来るのも遠くないかもしれない。その日が実際に訪れるかどうかは別として、惑星間空間で私の小惑星が孤独にさいなまれることなく、実在の人物や架空の人物の名前をもつたくさんの仲間に囲まれていると思うと、うれしい気持ちになる。

今のところ、私の小惑星が地球に向かってきていないのも、ありがたい限りだ。

11　太陽系外の地球

はるか遠方から望む地球はどう見えるか？

地球上で、ある場所から別の場所へ移動するときに走るか、泳ぐか、歩くか、這うか、どの方法を選ぶにしても、地球上には目を向けるべきものが無限にあり、それらを間近で見るのは楽しい。峡谷の絶壁にピンク色の石灰岩が条状に走っていたり、テントウムシがバラの茎でアブラムシを食べていたり、砂浜で貝殻が顔をのぞかせていたりする。どれも眺めたければただ、目を向ければいい。

上昇するジェット機の窓から見ていると、こうした地表の細かなものはまたたくまに消え去る。アブラムシの前菜も、変わった貝殻も、もう見えない。上空一万メートル付近の巡航高度に達すると、幹線道路を見つけることさえ難しい。

宇宙へ飛び立つと、細かいものがどんどん消えていく。上空四〇〇キロメートル付近の軌道を回る国際宇宙ステーションの窓からは、昼間ならパリやロンドン、ニューヨーク、ロサンゼルスが見つけられるかもしれないが、それは学校で地理の時間に位置を教わっているからだ。夜になると、無秩序に広がるそれらの都市の姿がくっきりと輝く。一般に思われているのとは違い、昼間でもギザの大ピラミッドを見ることはおそらくできず、中国の万里の長城は絶対に見えない。こうしたものが見えにくいのは、周囲の風景と同じ土や石でできていることに一因がある。さらに万里の長城の場合は、長さは数千キロメートルもあるが幅は六メートルほどしかない。大陸を横断する旅客機からかろうじて見えるアメリカの州間高速道路よりも、はるかに細いのだ。

国際宇宙ステーションの軌道から肉眼で見ると、第一次湾岸戦争末期の一九九一年にはクウェートの油田火災で立ち昇る煙が確認でき、二〇〇一年九月一一日にはニューヨークで炎上する世界貿易センタービルの煙も見えただろう。灌漑（かんがい）された土地と干からびた土地を隔てる緑と茶色の境界線も見えるはずだ。しかしこれらの数少ない例を除いて、数百キロメートルの高度から特定できる人工物はあまりない。一方、メキシコ湾のハリケーン、北大西洋の浮氷塊（ふひょうかい）、各地の火山の噴火など、自然の景観はいろいろと見える。

四〇〇万キロメートルほど離れた月からは、ニューヨークやパリをはじめとする地上の都市の輝きは、きらめきとしてさえ見て取ることができない。しかし月からでも場所を選べば、大規模な気象前線が地球を移動していくのが観察できる。火星からは、地球までの距離が最短の五六〇〇万キロメートルまで縮まったときなら、アマチュア用の大型望遠鏡ごしに、雪をかぶった広大な山系と大陸の縁（ふち）が見える。四〇億キロメートルあまり離れた海王星（宇宙のスケールではご近所だ）まで行けば、太陽自体の明るさが一〇〇〇分の一に陰り、大きさも地球で昼間の空を見上げたときの一〇〇〇分の一にしか見えない。そして地球自体はどうか。暗い恒星ほどの明るさしかない点となり、太陽の光にほぼかき消されてしまう。

われらが「色あせた青き点（ペールブルードット）」をエイリアンが見たら……

一九九〇年に海王星軌道のすぐ外側からボイジャー一号が撮影した有名な写真は、深宇宙から見た地球がいかにちっぽけな存在かを知らしめた。アメリカの天体物理学者カール・セーガンは、「色あせた青き点（ペールブルードット）」と表現した。しかしこれはずいぶん「おまけ」をした言い方だ。キャプションがついていなければ、そんなものがあることにすら気づかないかもしれない。

はるかかなたに高い知能をもつエイリアンがいて、もともとすぐれた視覚器官に加えて彼らの世界の最先端の光学機器も駆使して空を調べたらどうなるだろう。地球の可視の特徴のうち、どれが引っかかるだろうか。

真っ先に見つかるのは、青色だろう。地球の表面の三分の二以上が水に覆われている。太平洋だけで地球の片面がほぼカバーされている。地球の色を検出するのに十分な装置と技術をもつ者なら、宇宙で三番めに多い分子である「水」の存在を推測するのは確実だ。

装置の分解能が十分に高ければ、色あせた青き点以外も見えるだろう。水が液体であることを強く示唆する複雑な海岸線も見えるに違いない。頭のいいエイリアンなら、液体の水が存在する惑星では温度と気圧がそれなりの範囲内であることも知らないはずがない。

温度の季節変動に伴って拡大や縮小を示す地球特有の極氷冠も、可視光で観察できる。認識可能な陸塊が予測可能な時間間隔で視野に回り込んでくることから、地球が二四時間周期で自転していることもわかるだろう。大規模な気象系が現れては消えていくのも見えるはずだ。詳しく観察すれば、大気中の雲に関係する事象と地表そのものに関係する事象を区別するのも難しくはない。

アルファ・ケンタウリの「惑星ハンター」に、地球は見つけられるか？

もしもの話はこのくらいにして——最も近い太陽系外惑星、すなわち太陽以外の恒星のまわりを公転する惑星で地球からの距離が最も短いものは、われわれにとって近隣の星系であるアルファ・ケンタウリで見つけられる。これは地球からおよそ四光年離れたところにあり、主に地球の南半球から見える。これまでに見つかった系外惑星のほとんどは、地球から数十光年ないし数百光年離れている。地球は明るさが太陽の一〇億分の一にも満たず、位置が太陽に近いので、可視光望遠鏡で直接観測するのは誰にとってもきわめて難しいはずだ。たとえて言うなら、ハリウッド式のサーチライトのそばでホタルの光を見つけるようなもの。よって、エイリアンがすでにわれわれを発見しているとしたら、可視光以外の波長を使っている可能性が高い。たとえば赤外線なら、太陽に対する相対的な明るさが、可視光の場合よりはいくらか強くなる。そうでないとすれば、エイリアンの技術者はまったく別の戦略を用いている。

地球人の惑星ハンターがあるいはよくやるようなことを、彼らもしているのかもしれない。つまり、恒星を観察して、一定の間隔でふらつかないかどうか、確かめようとするのではなかろうか。恒星が周期的にふらつくなら、それは暗すぎて直接には見えない惑星がそのまわりを回っていることのしるしにほかならない。たいていの人は思い違いをしているが、惑星が主星のまわりを回るのではない。惑星と主星の双方が共通の質量中心のまわりを回っているのだ。惑星の質量が大きければ、恒星の応答も大きいはずである。恒星の光を分析すると、このふらつきがいっそう測定しやすくなる。ただし惑星ハントをするエイリアンにとっては残念なことに、地球はちっぽけなので、太陽はほぼ微動だにしない。このせいで、エイリアンのエンジニアはさらにてこずることになるだろう。

✷

太陽系外惑星「狩り(ハント)」の方法

太陽型恒星のまわりを回る地球型惑星を発見するために設計・調整されているNASAのケプラー望遠鏡では、さらに別の検出方法が採用され、系外惑星のリストをみるみるうちに膨れ上がらせている。ケプラー望遠鏡は、総光度が一定の間隔でわずかに下がる恒星に目をつけた。恒星の手前を惑星が横切ると恒星がほんの少しだけ暗くなるので、それを観測するわけだ。ただしこの場合、惑星が恒星の前を横切ることによる光量の低下を見て取るには、惑星が恒星を隠すのが見えるような方向と、ケプラー望遠鏡の視線の方向が一致していることが必要だ。この方法では、惑星そのものは見えない。恒星の表面の特徴さえまったく見えない。ケプラー望遠鏡は恒星の総光量の変化を追跡しただけだが、何千個もの系外惑星をリストに加え、そのなかには複数の惑星をもつ恒星系も数百個あった。このデータから、系外惑星のサイズ、公転周期、主星からの軌道の距離もわかる。惑星の質量について、根拠のある推測をすることもできる。

どうしてこの方法でわかるのか——それはこうだ。地球が太陽の手前を通過する（天の川銀河系内から見ればどこかで必ずこういうことが起きている）ときには、太陽表面の一万分の一が地球にさえぎられ、それによって短時間だけ太陽の総光量が通常より一万分の一暗くなるのだ。こちらが見つけられても、それはそれでけっこう。エイリアンが地球を見つけることはあっても、地球の表面で起きていることについては何もわからないはずだ。

星に耳あり、虚空に目あり——電波とマイクロ波で探す

電波とマイクロ波が役に立つ、ということもあるだろう。宇宙からの声に聞き耳を立てるエイリアンは、中国の貴州省にある五〇〇メートル電波望遠鏡のようなものをもっているかもしれない。それを適切な周波数に合わせたら、きっと地球に気づくだろう。あるいはむしろ、空で際立って明るい光源の一つとして、われわれの現代文明に気づくかもしれない。電波やマイクロ波を発生させるものを片っ端から挙げてみよう。典型的なのはラジオだが、ほかにもテレビ、携帯電話、電子レンジ、車庫の電動ドア、自動車の電子ロック、商用レーダー、軍用レーダー、通信衛星などがある。われわれは長波長の光で輝いている。

これは、何かただならぬことがここで起きているという歴然たる証拠となる。なぜなら、小さな岩石惑星が天然状態で電波を発することはほぼありえないからだ。

好奇心に満ちたエイリアンが彼らの電波望遠鏡をこちらに向けたら、地球にはテクノロジーが存在することを察するかもしれない。ただし、問題が一つある。別の解釈も可能なのだ。地球からの信号を、太陽系内のもっと大きな惑星からの信号と区別することはおそらくできないだろう。これらの惑星はどれもかなり大きな電波発生源であり、とりわけ木星は大量の電波を放つ。エイリアンは地球のことを、強力な電波を放つ新しいタイプの妙な惑星と思うかもしれない。地球の電波放射を太陽の電波放射とごっちゃにして、太陽のことを強力な電波を放つ新しいタイプの妙な恒星だと判断するかもしれない。

緑色の小人たちの代わりに新天体を発見した女性

地球上の科学者、すなわちイングランドのケンブリッジ大学にいた天体物理学者たちも、一九六七年にある謎にぶつかった。強力な電波の発生源を探して電波望遠鏡で空を観測していたアントニー・ヒューイッシュのチームが、とんでもなく妙なものを発見した。一秒よりわずかに長いきっちり一定の間隔でパルスを放つ天体を見つけたのだ。最初に気づいたのは、当時ヒューイッシュの指導を受けていた大学院生のジョスリン・ベル〔訳注　のちに結婚してジョスリン・ベル・バーネルとなる）だった。

まもなくベルたちは、パルスがはるか遠くからやって来ることを確認した。信号が人工的なものであり、宇宙のかなたで別の文化が活動の証拠を発信しているという考えには、抗（あらが）いがたいものがあるらしい。ベルはこう語っている。「天然の電波放射だという一〇〇パーセントの証拠はありませんでした。……私はそのとき新しい方法を使って博士号をとろうとしていたところでした。……そんなところにおかしな緑色の小人たちが、よりにもよって私のアンテナと周波数を選んで通信をしてくるなんて」*。しかし何日も経たないうちに、天の川銀河内の別の場所から別の反復信号が発せられているのを彼女は発見した。やがてベルたちが気づいたのは、自分たちが新しいタイプの天体を発見した、ということだった。中性子だけでできた恒星が、自転するたびに電波のパルスを発しているのだ。ヒューイッシュとベルは、この天体に「パルサー」というもっともな名前をつけた。

化学的指紋で狩る――宇宙化学分析

よその天体のようすを探りたければ、電波を傍受する以外の方法もじつはある。宇宙化学分析という手があるのだ。最近の天体物理学で活発な分野となっているのは、惑星大気の化学分析である。おそらくご想像のとおり、宇宙化学分析では、分光計によって光を波長ごとに分けるスペクトル分析を利用する。スペクトル分析の道具と手法を利用して、系外惑星に生命が存在するか推測することができる——その生命が知覚や知能、テクノロジーをもっているかどうかはさておき。

どんな元素もどんな分子も、宇宙のどこにあろうとも、それぞれ固有のパターンで光を吸収し、放射し、反射し、散乱させる。宇宙化学分析が機能するのは、この性質のおかげだ。すでに述べたとおり、その光を分光計に通せば、化学的指紋と呼ぶべき固有のパターンが見つかる。環境の圧力と温度によって化学物質が強く励起しているほど、指紋ははっきりしたものになる。惑星大気には、そのような特徴がたくさん存在する。動植物の満ちあふれた惑星なら、大気中に生物指標が大量にあるはずだ。つまり生命の存在を示す証拠がスペクトルから得られるのである。生物起源（生物によって生み出された）か、人為起源（広く棲息するホモ・サピエンスという種によって生み出された）か、あるいは技術起源（テクノロジーのみによって生み出された）かにかかわらず、そうした目立つ証拠を隠すのは難しいだろう。

生まれつき分光センサーが体に備わってでもいない限り、知りたがり屋のエイリアンが

* Jocelyn Bell, "Petit Four," *Annals of the New York Academy of Sciences* 302 (1977): 685.

われわれの指紋を読み取るには分光計をつくる必要があるはずだ。しかしなんといっても、地球は太陽（またはそれ以外の光源）の前を横切らないわけにはいかないので、いずれ光が地球の大気を通過してエイリアンのもとに届くのはどうしようもない。このようにして、地球の大気に含まれる化学物質が光と相互作用して、誰の目にも見える痕跡を残す。

生物がいるしるし――メタン・ナトリウム・酸素

アンモニア、二酸化炭素、水といった一部の分子は、生命が存在するかどうかに関係なく、宇宙で大量に観察される。一方、生命が存在する場所で特に大量に存在する分子もある。検出されやすい地球の生物指標としては、一定レベルを保つメタン分子がある。メタンの三分の二は、燃料油の生産、稲作、汚水、家畜のげっぷや放屁(ほうひ)など、人間のかかわる活動によって生じる。残りの三分の一を占める天然源としては、湿地での植物の分解やシロアリの排泄物などがある。一方、遊離酸素の少ない場所では、生命が存在しなくてもメタンは生成する。今まさに、火星に存在するわずかなメタンや土星の衛星タイタンに存在する大量のメタンの起源をめぐって、宇宙生物学者たちが議論している――ウシやシロアリが火星やタイタンに棲息しているとはとても思えないわけだが。

主星のまわりを回る地球で夜を迎えている側をエイリアンが観測したら、ナトリウム濃度が上昇するのに気づくかもしれない。これは、都会や郊外の町でナトリウムランプの街灯が広く使われていて、日が暮れると灯されるからだ。しかしわれわれの存在を最も雄弁に明かすのは、大気の五分の一を占める遊離酸素だろう。

水素とヘリウムに次いで宇宙で三番めに多い元素である酸素は、化学的に活発で、水素、炭素、窒素、ケイ素、硫黄、鉄などの元素と容易に結合する。酸素どうしで結合することさえある。このため酸素が定常状態で存在するには、酸素が消費されるのと同じペースで酸素を遊離させる何かが働いている必要がある。この地球で酸素の遊離を担っているのは、生命である。植物や多くの細菌が行なう光合成によって、海中と大気中に遊離酸素が生じる。この遊離酸素のおかげで、酸素を代謝する生物の存在が可能となる。われわれもそうした生物の一員であり、動物界の生物もほとんどがやはりそうだ。

知的生命のいるしるし――彼らは電磁スペクトルのどこを用いているか?

地上の住民たるわれわれは、地球に固有の化学的指紋の重要性をすでに知っている。しかし遠くからやって来てわれわれに遭遇するエイリアンは、発見したものを解釈し、仮説を検証する必要があるだろう。ナトリウムが一定周期で出現するのは、なんらかのテクノロジーによるものなのか。遊離酸素が生物起源であるのは間違いない。メタンはどうだろう。メタンも化学的に不安定で、確かに人為起源の場合がある。しかしすでに見たとおり、メタンは非生物からも生み出される。

エイリアンが地球の化学的な特徴を調べて、生命の存在を示す確かな証拠だと判断したら、その生命が知的かどうか知ろうとするかもしれない。おそらくこのエイリアンたちは互いにコミュニケートするだろうから、自分たち以外の知的生命体もコミュニケートすると推測するだろう。もしかしたらこの段階で、電波望遠鏡を使って地球のようすを探り、そこの住人が電磁スペクトルのどの領域を使いこなしているのか確かめようとするかもしれない。つまり、エイリアンが探索に化学的性質と電波のどちらを利用するにしても、同じ結論に達するかもしれない。高度な技術をもつ惑星には知的生命体が暮らしているに違いなく、その生命体は宇宙の仕組みを明らかにし、宇宙の法則を個人や社会の利益のために応用する方法を見つけるのに余念がないかもしれない――こんな結論に至るのではないだろうか。

地球の大気の指紋をもっとよく見ると、人間の生物指標には、化石燃料の燃焼によるスモッグの成分である硫酸、炭酸、硝酸などが含まれているとわかるはずだ。知りたがり屋のエイリアンが社会的、文化的、技術的にわれわれより進歩していれば、こうした生物指標は地球の生命がいかに頭が悪いかを物語る確固たる証拠として解釈されるだろう。

✷

推定総数は四〇〇億個

最初の系外惑星は一九九五年に発見された。本書の執筆時点でその数は三〇〇〇個を超えており、ほとんどは太陽系を取り巻く天の川銀河の限られた領域で見つかっている。ということは、ほかにも系外惑星が見つかる場所はまだたくさん残っている。なにしろ、われわれの銀河には一〇〇〇億個以上の恒星があり、既知の宇宙は数千億個の銀河を宿しているのだ。

系外惑星探索を突き動かす原動力は、「宇宙に存在する生命を見つけたい」というわれわれの思いにほかならない。系外惑星のなかには、細かい点はもちろん違うものの、総体としての性質が地球と似たものもある。現在のリストにもとづく最新の推定では、地球型惑星が天の川銀河だけでも四〇〇億個もあると考えられている。いつかわれわれの子孫が、必要に迫られなくても自ら進んで、それらの惑星を訪れたいと思う日が来るかもしれない。

12　宇宙的視野をもつことについて

人類が開拓してきたあらゆる学問のなかで、最も高尚で、最も興味深く、最も有用だと認められていて、実際にも間違いなくそうなのが天文学である。この学問で得られた知識により、地球について多くのことが明らかになるのみならず……その知識によって伝えられる数々の深遠な概念によってわれわれの能力そのものが拡大し、われわれの精神が卑小な偏見を超えた高みへと引き上げられるのだ。

ジェイムズ・ファーガソン（一七五七年）*

宇宙の高みから見ることのすばらしさ

宇宙に始まりがあったということに誰かが気づくよりもはるか昔、地球から隣の大銀河までは二〇〇万光年の距離があるとわれわれが知るより前、そして恒星の仕組みや原子の存在をわれわれがまだ知らなかったころ、スコットランドの天文学者ジェイムズ・ファーガソンが熱烈な筆致で記した、自らの愛する学問についての手引きは、当時の人の心に真実として響いた。しかし彼の言葉は今もなお、いかにも一八世紀らしい仰々しい言い回しに目をつぶれば、つい昨日書かれたばかりと言われてもおかしくない。

それにしても、こんな考え方のできる人とはどんな人だろう。人の生に対するかくも壮大な見方を称揚できるのはどんな人なのか。移民の農場労働者ではない。搾取工場の作業員でもない。食べ物を求めてゴミをあさる路上生活者のはずがない。このような考え方をするには、ただの生存以外の目的に時間を費やせる余裕が必要だろう。宇宙における人類の位置を解明するための探索に政府が価値を認める、そんな国で暮らしていることも必要だ。知的探求によって発見の最前線に立つことができ、発見のニュースが日常的に報じられるような社会であることも必要だ。先進国のほとんどの市民には、これらの基準がかなりよくあてはまるのではないだろうか。

＊James Ferguson, *Astronomy Explained Upon Sir Isaac Newton's Principles, And Made Easy To Those Who Have Not Studied Mathematics* (London, 1757).

たとえ足元が見えなくなりがちだとしても……

しかし、こんなふうに宇宙をとらえる姿勢には、隠れた代償も伴う。皆既(かいき)日食のとき、駆け抜ける月の影の下でほんの短い時間を過ごすために何千キロメートルも離れた場所を訪れながら、しばしば私は地球のほうが目に入らなくなってしまう。

広がり続ける時空の四次元的構造の中で、いくつもの銀河が互いから高速で遠ざかっていく、そんな膨張宇宙に思いをめぐらすとき、私は食べ物も住まいもなく地上をさまよう無数の人々のことや、そんな境遇に置かれた人たちのなかには子どもが極端に多いという事実を、ときとして失念する。

宇宙全体にダークマターやダークエネルギーという謎めいたものが存在することを証明するデータに熱中していると、毎日、地球が二四時間かけて一周するあいだに、人々が他人の考えた「神」の名のもとで殺し殺され、神の名のもとでは殺人を犯さない人も、政治的ドグマによる必要や要請という大義名分で人を殺すということが、頭から消えてしまうこともある。

宇宙のバレエという舞台で重力に操られてつま先旋回(ピルエット)を踊る小惑星、彗星、惑星の軌道を追跡するときには、地球の大気、海、陸が複雑に作用しあって、その結果がわれわれの子どもやその子どもに降りかかって健康や幸福が犠牲になるおそれがあるのに、浅はかにもそれを顧みずにふるまう人があまりにもたくさんいるということを忘れたりもする。

　あるいは、自分の力で困難に対処できない人がいても、力をもつ者が全力で助けようとすることはめったにないというのも、私はときおり忘れてしまう。

未熟な自分を認められる自分でありたい

　私がこういうことをときどき忘れてしまうのは、われわれの心や頭や巨大なデジタル地図の中で世界がどれほど大きいとしても、宇宙はそれよりさらに大きいからだ。そんなふうに考えると気が滅入るという人もいるだろうが、私はこう考えると心が解き放たれる。

　子どものトラウマのケアにあたる大人がいるとしよう。ミルクがこぼれ、おもちゃは壊れ、膝に擦り傷ができている。大人であるわれわれは、真の問題が何なのか子どもには見当もつかないということを知っている。経験が少ないせいで、子どもは視野がひどく限られているからだ。子どもは世界が自分を中心として回っているのではないということにも、まだ気づいていない。

　大人であるわれわれは、総体としての自分たちのものの見方も未熟そのものであることを認める勇気があるだろうか。われわれの思考や行動のもとになっているのが、自分こそ世界の中心だという思い込みであると認める勇気はあるか。いや、そんな勇気はなさそうだ。しかし、そうであるという証拠には事欠かない。社会における人種的、民族的、宗教的、国家的、文化的な対立の背後にあるカーテンを開けば、人間のエゴが陰であれこれ操っているのがわかる。

今度は別の世界を想像してみよう。誰もが、特に権力と影響力をもつ人が、宇宙におけるわれわれの位置について広い視野をもつ世界だ。そのような視野があれば、われわれの問題は縮小し、あるいはそもそも問題など起こらず、われわれは自分たちのまわりの差異を認めあうことができ、差異ゆえに殺しあった先人たちの轍(てつ)を踏まずにすむだろう。

✷

「宇宙大」というスケールが読み違えられると……

二〇〇〇年一月、再建されたばかりのニューヨーク市のヘイデン・プラネタリウムで、『宇宙へのパスポート』*という映像の上映が始まった。観客はプラネタリウムから宇宙の端へと至る仮想のズームアウトを体験した。旅の途上、観客はプラネタリウムのドームに映る地球を眺め、それから太陽系を眺め、さらに天の川銀河に属する数千億個の恒星が次々に小さくなってかろうじて見えるくらいの小さな点となるのを眺めた。

上映開始から一カ月も経たないころ、手紙が届いた。差出人は名門大学の心理学教授で、人に自らの存在の無意味さを感じさせるものの研究が専門とのことだった。私はそんな専門分野があるとは知らなかった。彼は観客に映像を見せる前と見せたあとにアンケートをさせてほしいと言ってきた。見せたあとの気持ちの落ち込み具合を調べたいという。『宇宙へのパスポート』については、彼がそれまでに経験したなかで、自らの小ささと無意味さについて最も強い感情を喚起するものだったと手紙には記されていた。

いったいどうしてそうなるのか。私はこの映像を見ると（これに限らず自分が制作にかかわったものを見ると）いつも、生き生きして力が湧き、何かとつながっていると感じる。重さ一キログラムあまりの脳の働きによって、宇宙におけるわれわれの位置が解明できるのだと思うと、自分が大きな存在であるようにも感じられる。

＊『宇宙へのパスポート』の脚本を書いたアン・ドルーヤンとスティーヴン・ソーターは、私がホストを務めた二〇一四年放送のFOXチャンネルのミニシリーズ《コスモス：時空と宇宙》の脚本も担当した。二人は本シリーズのオリジナルにあたる一九八〇年のPBSのミニシリーズ《コスモス》でも、カール・セーガンとともに制作に携（たずさ）わっている。

言わせてもらうが、自然を読み違えているのは私ではなく教授のほうだ。そもそも彼はとんでもなく大きなエゴの持ち主で、そのエゴは自分が重要な人物だという幻想によって膨れ上がり、宇宙でほかの何より偉いのは人間だという文化的先入観によってさらに肥大している。

彼のために公平を期して言うなら、社会の中で強い力をもつと、たいていの人は真実を見失いやすい。かつては私もそうだった。しかし、世界にこれまで存在してきた人間の総数よりも、私の体内で結腸の長さ一センチメートルの範囲で暮らして活動する細菌の総数のほうが多いということを生物学の授業で習った日に、私は変わった。こういう話を聞くと、世界を真に支配するのは誰か、あるいは何か、改めて考えさせられる。

その日から、私は人間を時空の支配者ではなく、偉大なる宇宙の存在の鎖に加わる一員ととらえるようになった。現存する種(しゅ)も絶滅した種も含めてさまざまな種を直接結びつける遺伝子の鎖が、四〇億年近く昔に地球で最初に誕生した単細胞生物までつながっているのだ。

自然の支配者でなく、存在の鎖の一部としてのヒト

読者はきっと、人間は細菌より賢いと考えているだろう。

確かにそのとおり。地球上でこれまでに走ったり這ったり滑ったりしたどの生物よりも、人間は賢い。だが、それはどんな賢さだろうか。われわれは料理をする。詩や音楽を創作する。芸術や科学を実践する。計算が得意だ。数学が苦手だという人は、われわれと遺伝的にほんの少ししか違わないチンパンジーと比べてみればいい。どれほど賢いチンパンジーも、人間にはとうていおよばないのではないだろうか。霊長類学者がどれほどがんばっても、チンパンジーに割り算の筆算や三角法をやらせるのは無理だろう。

人間とサルとのあいだのわずかな遺伝的差異によって知能に大きな差らしきものが生じるのならば、その知能の差というのがそもそもじつはそんなに大きくないのかもしれない。

われわれがチンパンジーより知力がすぐれているのと同じくらい、われわれより知力のすぐれた生命体がいるとしよう。そのような生命体にとっては、われわれの知力がなし遂げた最高の成果もくだらないものに思えるだろう。その生命体は幼児期に《セサミストリート》でABCを覚えるのではなく、ブール大通り（ブールヴァード）*で多変数解析学を習う。われわれの

---

*命題の真偽を0か1の二値のみの変数の演算により処理する、コンピューター科学の基礎をなす数学の分野をブール代数という。この名称は、一八世紀のイングランドの数学者、ジョージ・ブールから来ている。

知る最も複雑な定理も、最も深遠な哲学体系も、最も創造力に富む芸術家による傑作も、この生命体の小学生が学校から持ち帰ってママやパパにマグネットで冷蔵庫に貼りつけてもらう作品と大差ない。この生命体がスティーヴン・ホーキング（ケンブリッジ大学でかつてアイザック・ニュートンが就いていたのと同じ記念教授職にあった）を研究するとしたら、それはホーキングがほかの人間と比べれば少しは頭がいいからだ。なぜ頭がいいと言えるのか。それはエイリアンの幼稚園から帰ってきたティミー坊やと同じく、ホーキングも理論天体物理学やその他の基礎的な計算くらいならそらでこなせたからだ。

動物界で最も近縁の親戚とわれわれとのあいだに大きな遺伝的差異があるのなら、自分たちのすばらしさを称えるのもいいだろう。ほかの生物からかけ離れた特別な存在だと信じて地上を闊歩する資格があるかもしれない。しかし実際には、そんな隔たりは存在しない。われわれは自然界でほかの存在の上や下に位置するのではなく、自然界の中であらゆる存在とともに一体となっているのだ。

エゴにつける薬としての「宇宙スケール思考」

エゴにつける柔軟剤がまだ足りない？　それなら、量、サイズ、スケールについて簡単な比較をするだけで十分だ。

水について考えてみよう。水はありふれた物質だが、生命の維持に欠かせない。世界の海全体を満たす水の量を紙コップ（容量約二四〇ミリリットル）で測った場合のコップの数と、紙コップ一つを満たす水に含まれる水分子の数を比べると、分子の数のほうが多い。人が紙コップ一杯の水を飲み、この水が体内を通過したあとで世界の水道に再び加わるとして、この水に含まれる水分子を世界中のすべてのコップに分配すれば、各コップに分子は一五〇〇個ずつ十分に行き渡る。これは間違いない。さっき飲んだ水には、ソクラテスやチンギス・ハーン、ジャンヌ・ダルクの腎臓を通過した水も含まれていたはずだ。

空気はどうだろう。これも生命の維持には不可欠だ。息をひと吸いすれば、地球の大気をすべて吸い込むのに必要な呼吸の回数よりも多い個数の空気分子を吸い込むことになる。つまり、たった今吸い込んだ空気の一部は、ナポレオンやベートーヴェン、リンカーン、ビリー・ザ・キッドの肺を通ったものということになる。

今度は宇宙に目を向けてみよう。宇宙には、どこの砂浜の砂粒よりも多数の恒星が存在する。地球が生まれてから経過した時間の秒数よりも、恒星の個数のほうが多い。今まで地球上に存在したすべての人間が発した言葉、あるいは音の数よりも、やはり恒星のほうが多い。

遠い過去を見てみたいという人は、過去に目を向けよう。蒙（もう）を啓（ひら）いてくれる宇宙的視野に立てば、過去を見ることができる。光が深宇宙から地球上の観測所に到達するまでには時間がかかるので、今見えている天体や現象は今の姿ではなく、時間そのものの始まり付近までさかのぼった過去の姿ということになる。目の届く限りの地平の中で、宇宙はその進化のようすを絶えず明かしてくれる。

宇宙もわれわれの中で生きている

われわれが何でできているか知りたい人もいるだろう。これについても、宇宙的視野が思いもよらない壮大な答えを与えてくれる。大質量の恒星が巨大な爆発とともに生涯を終えるときの炎の中で宇宙の元素がつくられ、われわれが知るとおりの生命をつくり出す化学物質が母銀河にまき散らされる。その結果は？ 宇宙に存在する元素のうちで最も量が多く化学的に活発な四つ、すなわち水素、酸素、炭素、窒素は、地球上の生命においても最も量の多い四元素となり、炭素が生化学的組成の土台となっている。

われわれがこの宇宙で生きているだけではない。宇宙もわれわれの中で生きているのだ。

そうは言っても、われわれはこの地球の子どもですらないかもしれない。いくつかの別個の研究分野で得られた成果を重ね合わせると、研究者はわれわれが思っている自己や出自について考え直さざるをえない。すでに見たとおり、大きな小惑星が惑星に衝突すると、そのエネルギーによって衝突のあった付近のものが跳ね上げられ、岩石が宇宙に飛び出すことがある。それからその岩石は別の惑星の表面にたどり着く。第二に、微生物のなかにはたくましいものもいる。地球上の好極限性細菌（こうきょくげんせいさいきん）は、宇宙空間を飛んでいるあいだに遭遇する広範囲の温度、圧力、放射線に耐えて生き延びられる。生命の存在する惑星にあった岩石が小惑星の衝突によってはじき出されて飛んできたのなら、微小な動物たちが岩石のくぼみなどに詰め込まれていてもおかしくない。第三に、最近の証拠が示唆しているとおり、太陽系形成直後の火星は地球に先んじて、水分に満ちた、もしかしたら肥沃（ひよく）な惑星だったのかもしれない。

これらの知見をまとめると、生命が火星で生まれ、そのあとで地球に生命が送り込まれたとも考えられることがわかる。このプロセスがいわゆる胚種広布説（パンスペルミア）だ。この場合、地球人はみな火星人の子孫という可能性がある。あくまでも「可能性」の話だが。

＊

「多宇宙（マルチバース）」という考え方の衝撃に備える

何世紀ものあいだに一度ならず、宇宙に関する発見はわれわれの自尊感情を高みから引きずり下ろしてきた。かつて地球は天文学的に唯一無二の存在だと思われていたが、あるとき天文学者たちは、太陽を公転する惑星はいくつもあって、地球はその一つにすぎないということを知った。そこで今度は太陽を唯一無二の存在と考えたが、やがて夜空に輝く無数の恒星が太陽と同じような天体であることが判明した。それから今度はわれわれのいる天の川銀河が既知の宇宙のすべてだと考えたが、空にある無数のぼんやりした何かがじつはよその銀河であって、われわれの知る宇宙の景色の中に点在しているということが確認されるに至った。

今日(こんにち)、宇宙は一つしかないと考えられれば話は簡単だ。しかし現代宇宙論の分野でさまざまな説が登場し、「我こそは唯一無二のものであると言えるものなど何もない」というのが確定的であると絶えず再確認がなされる以上、唯一無二であることを求めるわれわれの願いを打ち砕く新たな刺客に対し、われわれはオープンでいないわけにはいかない。その刺客こそ、多宇宙(マルチバース)なのだが。

✷

宇宙的視野をもつとはどういうことか

宇宙的視野は、基本的な知識から生まれる。しかし大事なのは、単に「知っていること」ではない。知識を用いて宇宙におけるわれわれの位置を把握する、知性と洞察力も必要だ。そして宇宙的視野には、次のようなはっきりとした性質がある。

宇宙的視野は科学の最前線から生まれるが、科学者だけでなく、あらゆる人がもてるものである。

宇宙的視野は謙虚である。

宇宙的視野は精神にかかわるもので、救済さえもたらすが、宗教とは無関係である。

宇宙的視野は、大きなものも小さなものも同じように考えてとらえることを可能にする。

宇宙的視野は非凡な考えに対してわれわれの心を開かせるが、脳がこぼれ出てしまうほど心を開け放って、人から聞かされた話をすべて鵜呑み（うのみ）にさせることはない。

宇宙的視野は、宇宙とは生命をはぐくむための慈愛に満ちたゆりかごではなく、冷たく孤独で危険に満ちた場所であり、われわれにすべての人間が互いに対してもつ価値を再評価することを迫る場所であるという事実に対して、われわれの目を開かせる。

宇宙的視野は、地球がちっぽけな塵（ちり）のような存在であることを教える。ただしその塵はかけがえのない塵であり、さしあたりはわれわれにとって唯一の住まいである。

宇宙的視野は惑星、衛星、恒星、星雲の姿に美しさを見出すが、それらを形づくる物理法則の重要性も認める。

宇宙的視野は、われわれが食料、住まい、配偶者を求める原初以来の探索ばかりにかかずらうことなく、身のまわりの環境の外に目を向けることを可能にする。

宇宙的視野は、大気のない宇宙では旗がはためかないということをわれわれに思い出させる。これは、国旗に象徴される愛国主義と宇宙開発が相容（あいい）れないと示唆しているのかもしれない。

宇宙的視野は、人間と地球上のあらゆる生命との遺伝的な類似性を受け入れるだけでなく、宇宙に存在する未知の生命との化学的性質の類似性も価値あるものであると認め、さらにわれわれの原子組成の宇宙との類似性も価値あるものだと認める。

あなたには、「四〇エーカー」の満足を押しつけられる筋合いなどない

われわれは一日に一回ではないにせよ、少なくとも週に一回くらいは、宇宙のどんな真理が発見されぬまま目の前に存在しているのかと思いをめぐらすのではないだろうか——ひょっとしたら、聡明な思想家や巧妙な実験や革新的な宇宙ミッションによって明らかにされるのを待っているかもしれない、そんな真理が。われわれはさらに、そうした発見によっていつか地球上の生命がどう変化するのかと思索にふけったりするのではないだろうか。

そのような好奇心を失ってしまったら、われわれは、自分はいずれもらえる四〇エーカーの土地で必要は全部満たせるから、郡境の外へ出かける必要などないと言い張る田舎暮らしの農夫となんら変わらないことになる（訳注　四〇エーカーとは、南北戦争後に解放奴隷に対して一度は約束され、結局反故にされた補償のことを指す）。仮にわれわれの祖先がみなそんな心掛けでいたなら、われわれは田舎暮らしの農夫ですらなく、棒と石で晩飯用の獲物を追いかける穴居人ということになるのだろう。

われわれは、地球に生を享けた短い時間のあいだに自分のため、そして子孫のために、探求の機会を提供する義務がある。探求を行なう理由の一つは、楽しいからだ。しかし、これよりはるかに高貴な理由もある。宇宙に関するわれわれの知識が拡大をやめる日が訪れたら、われわれは宇宙が比喩的にも文字どおりにもわれわれを中心として回っているとする幼稚な見方に後退しかねない。その荒涼たる世界では、武器を持ち資源に飢えた人間や国が自らの「卑小な偏見」に従って行動することが多いだろう。そしてそれが人間の啓蒙という営みの、最期のあがきとなる――宇宙的視野を恐れるのではなく再び抱くことのできる、想像力に富んだ新たな文化が誕生するまでは。

謝辞

《ナチュラル・ヒストリー》誌のエレン・ゴールデンソーンとアヴィス・ラングは、本書に収めたエッセイの執筆時に、編集者として労を惜しまず私とともに働いてくれた。二人のおかげで、私の言葉は常に私の真意とかけ離れることがなかった。友人でプリンストン大学に勤めるロバート・ラプトンは、科学監修を務めてくれた。彼は知識が何より重要な意味をもつあらゆるところで、私よりも豊富な知識をもっていた。原稿に対してコメントをくれて、話の流れを大幅に改善してくれたベッツィー・ラーナーにも感謝する。

監修者解説

渡部潤一

宇宙に関して、実にさまざまな書籍が刊行されている。自分でもしばしば執筆したり、監修したりするのだが、想定される読者に応じた内容を天文学・宇宙物理学の分野でどう絞り込むか、そしてどこまで深く内容について紹介するかという判断に、ずいぶんと苦労することがある。

特に監修本の場合、私はほとんど満足することはない。その不満の原因を分析してみると、ひとつには内容の不正確さである。専門家ではない、いわゆるサイエンスライターの方々が書かれた文章の場合、正確さが著しく失われている場合がある。そういったときのために専門家の監修が必要だと言われれば、それまでなのだが、少なくともそれ相応の知識を背景にして著述してほしいと思う気持ちが強い。まれにサイエンス系のライターではない方が書かれることがあって、その場合にはもはや朱字を入れるというようなレベルではなく、はじめから書き直した方が早いと感じながら訂正することになる。インターネットでどこかのページの情報をそのまま転載しているような、大学の学部学生のレポートのようなものにさえお目にかかるのは、なんだか悲しくなる。いずれにしろ、これはものすごいストレスである。ただ、こういうケースの場合には、文章そのものに不満があることは少ない。ライターだけあって文章は一般にこなれており、読みやすいからだ。逆に、研究者あるいは大学院まで出た専門家が書いた文章を監修する場合にも不満がある。正確な知識を背景にしているため、内容についてはほとんど問題はないのだが、逆に文章面で朱字を入れるはめになることが多いのだ。文章そのものが硬すぎたりするのはまだ良いほうで、場合によっては、文体が統一されていなかったりする。内容の正確さという物差しと、文章の読みやすさという座標軸とは、本来は無関係のはずなのだが、どうにも反比例関係にあるというのが、これまでの経験から得た私の感覚である。

ところで、天体写真集に近い画像を集めた書籍の監修も引き受けることがある。この場合でも、どういった種類の画像をどこまで掲載し、個々の画像に関する解説の内容をどこまで深めるかで、ずいぶんと悩む。最先端の天体画像は、そのものが観測データであり、鑑賞のために撮影されるものは少ない。そのため、詳しく解説を始めれば、論文が書けるほど多くのことを読みとることができる。一方、美しさの解説は専門家ではできない。鑑賞を目的とする場合、専門的な解説をうだうだと書いていても読んでくれないだけでなく、邪魔になってしまうだろう。いずれにしろ、そのバランスが大事だ。読者の鑑賞を邪魔しない程度に簡潔かつ明瞭に画像の科学的意味を解説するのは至難の業（わざ）である。専門的知識を持たないライターが、これを引き受けた場合は、まず朱字を入れる量は極めて多くなってしまう。最近、写真集を手がける出版社の天体画像集の監修をしたのだが、ライターが長く科学雑誌の編集をしていた方で、天文学の知識もしっかりしていたため、簡潔かつ要点を得た見事なキャプションを書いていて、ほとんど朱字を入れなかったという経験をした。知識と文章力のバランスが実に素晴らしかったのだ。これだけ楽な監修であれば、いくらやってもストレスはかからないな、と得心した次第である。

そんな一冊が本書で、今回も実に満足のいく監修（翻訳監修）の仕事をさせてもらった例である。もともと本書の執筆者であるニール・ドグラース・タイソン氏は、ニューヨークの世界的に有名なヘイデン・プラネタリウムの館長として、天文学の広報普及に従事してきた人物である。タイソン氏の知名度は日本ではそれほどではないものの、アメリカでは国民的に知られていると言っても過言ではない。その解説力は定評があり、カール・セーガン博士の後継者の一人として、《COSMOS　コスモス（宇宙）》に続くテレビ番組、《コスモス：時空と宇宙》などをはじめとする数々のメディアに出演し、さまざまな賞も受けている。もともとが天体物理学を修めた天文学者であり、その知識も半端ではない。しっかりとした知識を背景に、わかりやすい言葉で、実に簡潔かつ明快に現代天体物理学について紹介しているのが本書である。従来、反比例しがちな文章のわかりやすさと科学的正確さが両立している、数少ない例と言ってよいだろう。そのため、昨年五月に出版されてからというもの、科学書としては極めて異例なことに、ニューヨークタイムズのベストセラーリストにずっと掲載されているようだ。何事も分刻みで忙しい毎日を過ごしているニューヨーカーにとっては、そのタイトルにも受けた要因があるのかもしれない（本書の原題は *Astrophysics for People in a Hurry*）。

通常、こうしたコンパクトな本は、知識の切り貼りになってしまって、なんだか（悪い意味での）教科書的なつまらなさを感じさせることがあるものだが、本書はそうではない。ところどころにタイソン氏自身の経験や見方、そして思いが挿入されているうえに、どこもひとつの物語になっていて、飽きることはない。一章一章が非常にコンパクトにまとまって、どこで中断してもよいところは、まさに忙しい人向けである。まずは宇宙の始まりから説き起こし、宇宙全般の理解に必要な物理法則の解説を経てから、宇宙背景放射、そして実際の天体である銀河、まだ正体不明の暗黒物質、暗黒エネルギーへと話をつなげている。さらに元素の周期表に従ってさまざまな元素が、宇宙でどのように生まれ、どんな役割をしているかを解説している。タイソン氏自身が幼少の頃に、学校の先生に「周期表の元素はどこで生まれたのですか」と質問したところ、その先生は「地球の地殻だ」と答えたというエピソードが挿入されている。そう、彼の質問は、ではその地殻の元素はどこからやってきたのか、ということを意味していた。この究極の謎解きへの欲求こそが、彼を天体物理学者の道へと進ませたのだろうし、その姿勢に貫かれていることこそ、本書が科学的にもしっかりとしたものになっている所以（ゆえん）である。そして冥王星の問題に通じる、天体が球形となる意味（この点に関しては彼の著書『かくして冥王星は降格された――太陽系第9番惑星をめぐる大論争のすべて』〔吉田三知世訳、早川書房〕に詳しい）、見えない光としての赤外線や電波で見る宇宙、そして太陽系小天体から系外惑星といった最先端の天文学へも切り込んでいく。それも地球を離れていくと地球がどのように見えるのか、といった切り口から入っていくことで、系外惑星の観測研究がいかに難しいかを納得させる巧妙なストーリーとなっている。圧巻は最終章だ。宇宙を知り、世界観を確立する意味、振り返ってわれわれ人類について考えるべし、という彼の思いがぎゅっと詰まっている。

極めて専門的知識が豊富な人物が著者ではあるが、コンパクトながらも内容の正確さを保ちつつ、ユニークなストーリーで読者を魅了し、自然に理解させていく点では他に類を見ない本に仕上がっている。監修の立場から言えば、反比例しやすい諸々の点が両立している珍しい例だ。忙しい毎日を過ごしている中で、宇宙を正確に理解したいという想いに応える本になっていると言えるだろう。

（加筆修正のうえ、単行本版より再録）

文庫版　監修者解説

　本書が文庫化されると聞き、「それは極めて本書にあったスタイルだなぁ」という感想を持った。すでに単行本でお読みいただいた読者の方もそう思うに違いないだろう。なにしろ、本書の特徴は、最新の宇宙について理解すべき事柄が、非常にコンパクトに詰まっていることだ。単行本のタイトルからして、著者の明確な意図を感じさせる。忙しすぎる人(単行本時のタイトルは『忙しすぎる人のための宇宙講座』)にとっては、単行本よりも文庫本サイズの方がより適切であることは、おそらく誰もが納得できるに違いない。

　もちろん、以前の解説に書いたように、内容はコンパクトでも本書には壮大な宇宙がぎっしりと詰まっている。宇宙の基礎知識、宇宙像の変遷の歴史、そして著者のユーモアあふれた表現がエッセンスとして凝縮されている。本当に忙しすぎる人にとって、この文庫本をポケットに忍ばせ、休憩時間、あるいは通勤通学の移動の間のちょっとした時間を縫って、ポケットから取り出して読み進む様子が想像できる。もちろん、単行本を持ち歩いた人もいるに違いないが、文庫本というのは、きわめて手軽なサイズであることは確かだ。世界に誇る日本独自の文化と呼んでも良いほどだ。著者が文庫本サイズの本書を手にしたら、まさにぴったりだと思うこと請け合いである。

いずれにしろ、単行本を読んだ人たちにも、ぜひ文庫本を手にして、その手軽さと共に、二度目の納得感を得てみてほしいと思う。本書に限ったことではないが、同じ本でも二度、三度と読み返すことで、最初には気づかなかった点やわからなかった点も明確になって、理解が進むことも多いからだ。

ただ、単行本の出版からすでに二年を過ぎようとしている。天文学・宇宙物理学の進展は極めて早く、この数年の間にも様々なことがあった。たとえば、二〇一六年二月に発表された重力波の検出。アインシュタインの一般相対性理論をもとに予言される現象の中では、最後まで残された宿題として、それまで人類が捉えたことの無かった微弱な重力波の検出に成功したのだ。その後の進展も含め、ブラックホール同士の衝突合体という現象が、研究者の想像以上に頻繁に起こっていることがわかっただけでなく、本書の第9章に記述されている宇宙を見る「見えない光」が、ついに電磁波領域以外に広がり、マルチメッセンジャー天文学という新分野が拓かれたのである。これは本書の単行本刊行前のことではあったが、原著そのものが二〇〇七年までの連載に基づいているので、こうした進展は充分に盛り込まれていないのは残念ながら、こうした新発見を追加していくと、きりが無いことも確かだろう。

さらに最近の例で言えば、なんといっても二〇一九年四月に発表された巨大ブラックホール・シャドーの撮像が挙げられる。撮影に成功したのは、イベント・ホライズン・テレスコープ（ＥＨＴ）プロジェクト。日本の研究者を含めた二〇〇人を超える国際チームだ。地球から約五五〇〇万光年のかなたにある、おとめ座銀河団の中心に居座る巨大な楕円銀河Ｍ８７の中心核の巨大ブラックホールによって形成された光と影の様子を見事に浮かび上がらせ、世界中にセンセーションを巻き起こした。ドーナッツ状の光の部分と、中心部が深い闇に沈んでいる様子は、太陽の六五億倍という巨大な質量を持つブラックホールの存在を立証しただけでなく、本書87ページから88ページにあるように、アインシュタインの一般相対性理論の正しさを別の角度から立証したとも言える画期的な成果であった。ちなみに二〇二〇年のノーベル物理学賞は、それらの基礎となったブラックホール研究に授与されたのは周知の事実である。

こうしたことはいまや一つの国だけでは為し得なくなりつつある。このＥＨＴプロジェクトも、地球上に存在する八つの電波望遠鏡を組み合わせ、ひとつの巨大な望遠鏡として観測を行うことで成し遂げた成果である。国境を越えた協力という意味では、極めて先進的な例とも言える。そもそも天文学で用いる最先端観測装置は大型化し、とても一つの国だけでは実現不可能なビッグプロジェクトが多くなりつつある。現在、日本の国立天文台も主要メンバーとして加わっている口径三〇メートル望遠鏡計画（TMT）は中国、カナダ、アメリカ、インドと組んで推進しつつある国際協力プロジェクトだ。二〇一九年段階での国際政治状況に鑑みれば、とても考えられない組み合わせだが、科学に国境は無いことを示す好例である。目的・目標が同じなら容易に国境や体制の違い等は越えられるのである。

本書の刊行後、様々なことがあったのは天文学の分野だけに限らない。社会においても、人種差別問題への抗議運動や新型コロナウイルスの蔓延など、人類は一〇〇年に一度の課題に直面していると言える。それを直接に解決するのはそれぞれの分野の専門家に負うとしても、間接的に天文学や宇宙物理学が大きな役割を負っていることを本書は示している。最終章で著者が訴える「宇宙的視野」。宇宙を理解することで、地球や社会を見直す宇宙的視野を得た上で、国境だけでなくあらゆる差異を越えた視点を持つことが将来世代の人類にとって大切であることには全面的に賛同したい。単行本のタイトルから文庫本のタイトルへ変更させていただいたのは、その思いが日本の読者に届くようにとの著者や本書編集部の願いでもある。読者の皆さんも宇宙的視野をぜひポケットに入れて、日々の生活にも向き合っていこうではないか。

二〇二〇年一一月

◎監修者紹介
渡部潤一（わたなべ・じゅんいち）
1960年生。自然科学研究機構国立天文台教授・副台長、総合研究大学院大学教授。理学博士。専門は太陽系小天体の観測的研究。天文学のアウトリーチ活動にも尽力する。著書に『第二の地球が見つかる日』『最新　惑星入門』（共著）『面白いほど宇宙がわかる15の言の葉』『夜空からはじまる天文学入門』ほか多数。監修書に『眠れなくなるほど面白い　図解　宇宙の話』ほか多数。

◎訳者略歴
田沢恭子（たざわ・きょうこ）
1970年生。翻訳家。お茶の水女子大学大学院人文科学研究科英文学専攻修士課程修了。訳書にレヴィン『重力波は歌う』、スタイン『不可能、不確定、不完全』（以上共訳）、クリスチャン＆グリフィス『アルゴリズム思考術』、スヒルトハウゼン『ダーウィンの覗き穴』（以上早川書房刊）、コックス『コンピューターは人のように話せるか？』、ヘイズ『幸せに気づく世界のことば』ほか多数。

本書は、二〇一八年九月に早川書房より単行本
『忙しすぎる人のための宇宙講座』として刊行
された作品を改題・文庫化したものです。

HM=Hayakawa Mystery
SF=Science Fiction
JA=Japanese Author
NV=Novel
NF=Nonfiction
FT=Fantasy

人生が変わる宇宙講座

〈NF565〉

二〇二〇年十一月 十 日 印刷
二〇二〇年十一月十五日 発行

（定価はカバーに表示してあります）

著者 ニール・ドグラース・タイソン
監修者 渡部潤一
訳者 田沢恭子
発行者 早川浩
発行所 株式会社 早川書房

郵便番号 一〇一 - 〇〇四六
東京都千代田区神田多町二ノ二
電話 〇三 - 三二五二 - 三一一一
振替 〇〇一六〇 - 三 - 四七七九九
https://www.hayakawa-online.co.jp

乱丁・落丁本は小社制作部宛お送り下さい。
送料小社負担にてお取りかえいたします。

印刷・株式会社亨有堂印刷所　製本・株式会社明光社
Printed and bound in Japan
ISBN978-4-15-050565-3 C0144

本書は活字が大きく読みやすい〈トールサイズ〉です。